シリーズ近江文庫
Ohmi Library

台所を川は流れる

地下水脈の上に立つ針江集落

小坂育子
kosaka ikuko

新評論

①今も生き続ける古民家に残された外カバタ
②さり気なくお客さまをお迎えする中庭に佇む
カバタ
③漬物用ダイコン洗いもカバタ水
④耐えられない暑さもカバタ水で一息
⑤カバタ水の冷たさに感動の都会からやってきた
女学生

⑥カバタは子どもの領分、「おままごと」
⑦収穫時は大川のフェンスも稲木の代わり
⑧冬まんなか・カバタからは湯気が上がっています
⑨オタマジャクシ、いるかな？

⑩

⑫

⑪

⑭

⑬

⑩「どうぞ一服を」橋本さん自慢の
美味しいカバタ水
⑪コイはカバタの働きもの
⑫100年の歴史を誇る上原さんの
「豆腐カバタ」
⑬カバタにやって来たおばあちゃんと
この夏一番の収穫キュウリ
⑭カバタはもう一つの台所

⑮おばあちゃんの台所
⑯日本のどこにでも見られた洗い場風景
⑰夏のご馳走はカバタの野菜たち

⑱大峰山に登る行者さんたちの水行場
⑲夏はカバタで冷やしたお茶が一番
⑳おばあちゃんの洗たく場
㉑㉒集落に点在する古民家
㉓軒先でつながる集落
㉔田中三五郎さんの漁場

⑱

⑲

⑳

㉓

㉑

㉒

㉔

㉕水路でつながる人と水
㉖藻刈りツアー。
「もうかりまっか！」
㉗水遊びは
「やめられません！」

「カバタ文化」が地球環境問題に問いかけること

嘉田由紀子（滋賀県知事）

一九八九年、ベルリンの壁が壊され、東西冷戦が終わりを告げたとき、私自身は「これからの地球世界は、人間と環境の対立、南北世界の経済対立、異文化対立という三つの対立軸が国際問題の重要テーマになる」と直感しました。残念ながら、その直感はかなり部分で当たってしまったようです。

二〇年後の二〇〇九年一二月に開催されたコペンハーゲンの温暖化防止会議では、脱温暖化交渉をめぐって南北経済対立と文化対立ばかりが目立ち、地球の未来に暗雲たちこめました。オバマ大統領も鳩山総理も残念ながら、リーダーシップがとれませんでした。

石油や石炭など、化石燃料の貯蔵量にはかぎりがあります。「脱化石燃料」は、人類が生き延びるための宿命です。未来永劫、永続的に人類が生き延びるためには、太陽やバイオマスなどの自然エネルギーに依存するしかありません。脱化石燃料、低炭素社会への仕組みづくりは不可避です。その目的を達成するための重要な手段が温暖化対策です。

二〇〇九年、鳩山政権になって、「二〇二〇年CO_2排出量二五パーセント削減」が国の目標とされました。滋賀県でも、二〇三〇年CO_2排出量五〇パーセント削減を掲げた「第三次環境総合計画」を、この種の条例としては全国で初めて二〇〇九年一一月に行われた議会において可決いただきました。というのは、琵琶湖にもすでに温暖化の影響が表れはじめているからです。

琵琶湖について私は、「地球環境を写す小さな、しかし重要な窓」といつも伝えています。琵琶湖は深い湖（最深部一〇五メートル）なので、春から秋にかけて汚濁物が湖底に溜まり、酸素が減って水質も悪化しますが、真冬に冷え込むことで上下が混ざりあって、いわば深呼吸をして湖底に酸素が供給されて生き返ります。ところが、温暖化が進むと冬の気温が下がりきらず、琵琶湖湖底の酸素濃度が低下する恐れがあるのです。

二〇〇六〜二〇〇七年度にこの現象が表れました。湖底の低酸素化が進むと湖底の栄養分が多量に溶け出し、これまで滋賀県が地道に取り組んできた水質改善の努力が一気に「水の泡」となってしまう恐れがあるのです。もちろん、湖底に棲むイサザやスジエビなどの命も脅かされます。

地球規模の環境問題を考えながら、琵琶湖の未来に思いをはせながら、いつも私の琵琶湖への思いの原点にあるのは、本書で小坂育子さんが紹介している「針江」のような、琵琶湖に流れ込む小さな河川の小さな村の水との暮らしぶりです。

琵琶湖には一級河川だけで一二〇本近くの川が流れ込んでいますが、小さな小溝まで含めると約四〇〇本もあります。その一本一本の川が一枚一枚の水田につながり、一軒一軒の家の台所につながり、一人ひとりの暮らしと意識を写し、一四〇万人の心を琵琶湖に流し込んでいます。いわば、「琵琶湖は滋賀県民の心の鏡」なのです。人体でいえば、毛細血管のように、琵琶湖盆地に張り巡らされた水網の広がりが琵琶湖を支えているのです。

そこは、単にH_2Oとしての水が流れるだけでなく、カバタのご飯粒を食べてくれるコイやフナ、琵琶湖からカバタに訪れるヨシノボリなど、さまざまな生き物の居場所でもあります。そして、「下のモノ（下半身の下着）は絶対洗ってはいかん」と言って、不浄を避けて洗い物をし、下流への配慮が生きた心の水路でもあるのです。その最下流が琵琶湖であることを、この地に生きる人びとは知っていたのです。

読者のみなさんは、徹底的にカバタに集い憩い、カバタに生かされた日々の暮らしぶりを本書から発見なさるでしょう。何にも特別のことではない、当たり前のこと、昔からこうして暮らしてきたのよ、と。

それでは、なぜ、今、連綿と途切れることなく大地から湧き出る水の姿に心の安らぎを覚えるのかを考えてみてください。そして、なぜ、今、地球上で水や土地やエネルギーを浪費し尽くしているその当事者たちが、反省することなく、さらに地球に負担をかけることに罪の意識をもてないのか、脱温暖化の行動に踏み出せないのかを考えてみてください。

温暖化が進むと、もっとも大きな被害を受けるのは、洪水や渇水被害に弱い途上国の人たちです。そして、食糧不足にあえぐ途上国の子どもたちなのです。

二〇〇三年秋、「世界子ども水フォーラム」を滋賀県で開催した折、この針江を訪問してくれた途上国の子どもたちの言葉が今も私の心に残っています。

ネパールから来た一四歳のサラトラさんは、「ここ針江は水の天国みたいだ。水道が安全に使えるのは行政がしっかりしているから。わき水がしっかり出るのは大地が元気だから。水路が美しいのは地域の人たちがゴミを流さないから。そのいずれも、私の国にはない」と言っていました。また、マラウイのジョン君は、「し尿など、水に流さない暮らしぶりがあるから衛生水準が高く、子どもの死亡率も低いのだ」と感心していました。

サラトラさんのネパールでは、今、氷河が溶けはじめて洪水がいつ起きるか分からないといった不安な日々を過ごしている、と報告されています。ジョン君が住むマラウイでは、主食のトウモロコシの値段が上がって、子どもたちはわずか一日一食の食事にも困っているという状況です。温暖化対策でトウモロコシがエタノール精製に回されて、穀物価格が値上がりしているのが理由です。

今、私たちにできることは、巨大な地球規模の問題からすれば、まさに「ハチドリのひとしずく」といったちっぽけなことかもしれません。でも、大河の水も一滴の雨粒からはじまるのです。針江のカバタ物語を読んでいただき、自分にできること、自分たちにできることから地球規模への思いを広げる、そんな連帯の環をつくろうではありませんか。

いのちは水

加藤登紀子（歌手・滋賀ふるさと大使・国連環境計画親善大使）

いのちとは、私にとって川を流れる水。

どんな時間もひたすら流れて、一時も止まらない。

ひたむきに、ひたむきに音を立てて流れる。

心の中に、その水音が聞こえる限り、私は大丈夫！　そう思っている。

私の心の底にあるこの感じは、子どものころ、いつもいつも川とともにいたことで作られたと思う。

京都の北、加茂川を渡り、上賀茂神社の前を抜けると、神社から流れ出た明神川沿いに、白壁の社家が並んでいる。その社家のひとつが、私の子どものころの家。

満州のハルビンで生まれ、二歳八か月で引き揚げた我が家は、父の復員と同時に一度は焼け野原の東京に出るのだが、私が小学校に上がるちょっと前に、突然京都に戻ることになり、いろんな事情で、この屋敷の小さな離れに住んでいた。

その離れの濡れ縁のすぐそばを、明神川から裏庭に引き込んだ小さな川が流れていた。幅八〇センチほどのこの川が、私の大事な遊び場。

毎日毎日、この川に指先を入れたり、葉っぱを流したり、「水屋さんごっこ」をしたり、どちらかと言えば引きこもりがちだった私は、ひとりで川のそばにいるのが好きだった。

時々は、うっかり草履を川に落として、あっという間に隣の家に流れていってしまったりもする。この小川は、社家の庭をつなぐように隣家へと流れ込んでいたのだ。

雑巾がけをする水も、時にはお茶碗を洗う水もこの川から汲んできた。

当時の暮らしは、当然のごとく貧乏で、明日への安心などなかったけれど、栗の木、柿の木、イチジクの木、何でもあった大きな庭とこの水の清さは、今から思えば、贅沢なものだった。

いつだったか、針江集落のカバタを見に行った時、台所をつなぐその水の流れの清らかさに心が躍った。

台所の水辺にしゃがみ込むと、静かな水音が体の中に入って来る。

「あーっ」と声を出したいくらい、懐かしさと、安心で心がいっぱいになった。

京都の家には、こんな素晴らしい台所はなかったけれど、湧水を暮らしに使える集落が今も残っているなんて、本当に素晴らしい。

水はいのち。その水音はいのちの鼓動だ。

記憶の始まる年ごろに水のそばに居られたことが、今どれほど私を支えてくれているか、改めて思う。

今、千葉県の鴨川の里山のふもとに私たちの孫が住んでいる。

雨が降った時だけ、道の横に音を立てて流れる小さな溝がある。

散歩をしていると、孫は必ずその溝のそばに座り込んで動かなくなる。飽きもせず水と遊ぶのだ。

でも、外から入ってくる車が、その側溝に車輪を落とすことが度々あって、今はコンクリートの蓋をしてしまった。

こんな小さな出来事が、今は、とても気になっている。

こんなことでいのちの芯を失っていくことになりはしないか、と。

もくじ

滋賀県全図

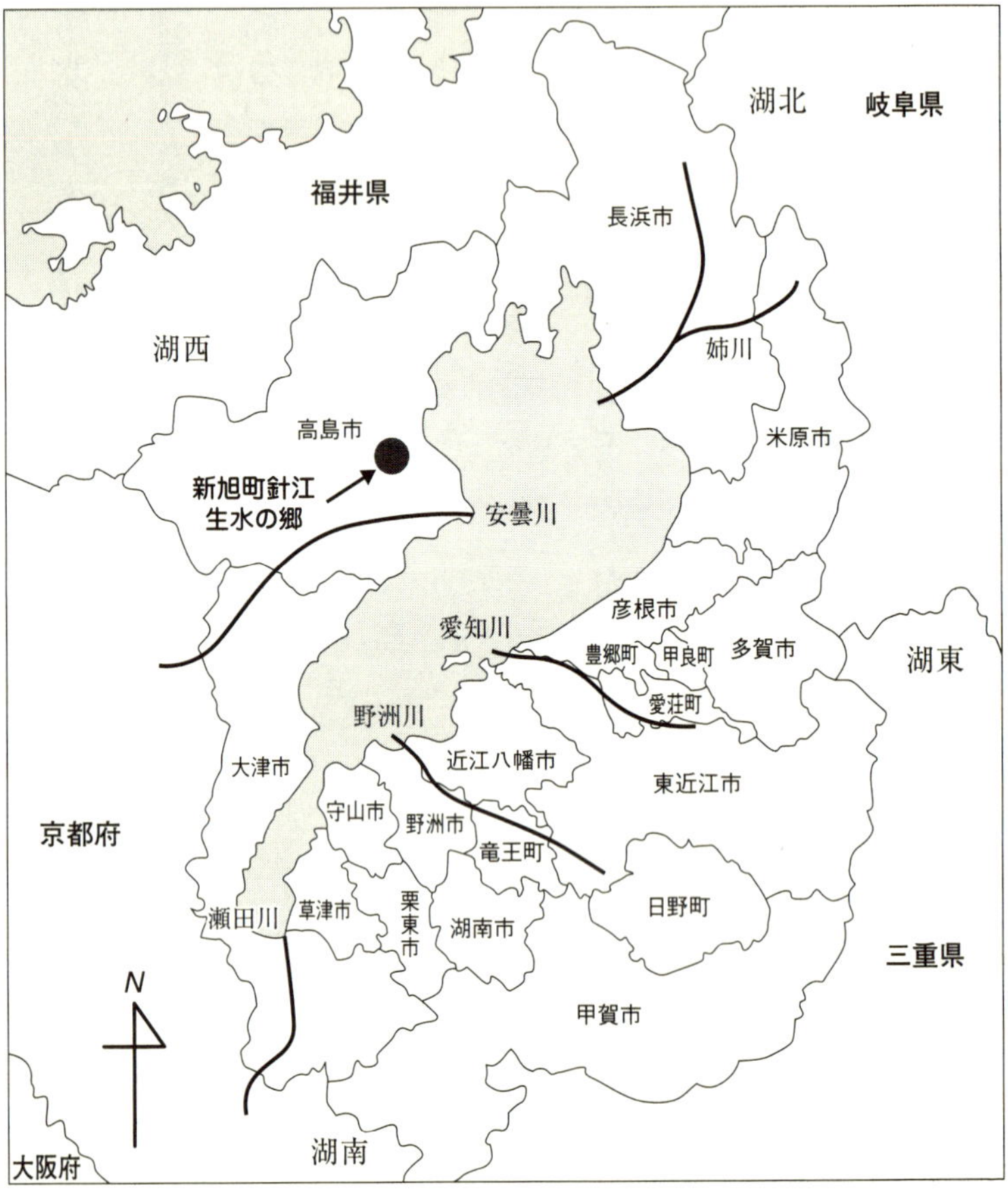
湖北
岐阜県
福井県
長浜市
湖西
姉川
高島市
米原市
新旭町針江
生水の郷
安曇川
彦根市
愛知川
豊郷町
甲良町
多賀市
湖東
愛荘町
野洲川
大津市
近江八幡市
東近江市
守山市
野洲市
京都府
竜王町
日野町
瀬田川
草津市
栗東市
湖南市
三重県
N
甲賀市
湖南
大阪府

台所を川は流れる——地下水脈の上に立つ針江集落

プロローグ　ようこそ「カバタ」へ

二〇〇六年の夏、手押し車（シルバーカー）を押しながら路地から出てきたおばあちゃんが、「やっぱり、洗いもんは流れのあるところでやらんと洗った気がせん」と言いながら、近くを流れる川にやって来ました。

おばあちゃんは手押し車を止め、川に架けられた小さな橋の上で「またのぞき」のような格好になって洗たくをはじめました。おばあちゃんの洗たく物は、まるで友禅流しのように思いっきり背伸びをしています。

おばあちゃんの洗たく場

小さな子どもたちが二、三人、はしゃぎながら水遊びをしています。その傍らでおじいちゃんは、孫におやつをねだられているように群れをなして集まってきたコイにやさしく微笑みかけながら餌をやっていました。

そこへ、ぶらりとやって来た女子学生は、そんな光景を面白そうに眺めながらその場にへたり込み、暑さにたまらなくなったのか両足を川に思いっきり放り投げています。水はキラキラと輝いていました。

水は単に生きていくために必要な量やその質を問題視するだけでなく、人と生き物が深くかかわりながら、暮らしの風景にいろどりとにぎわいを与えてくれます。一年中、とくにとりたてて変化のないように見える針江の暮らしは、

ぶらりとやって来た女子学生

時のなかでいろいろな場面を刻み、水に遊ぶ子どもたちや魚たちといった周りの小さな風景の変化からも季節の移ろいを感じさせてくれるのです。

水が支える日常をさりげなく、折々の暮らしの美を最大限に生かす面白さと、自然とともにある人間と「近い水」とのかかわりをひもときながら、私たちが忘れていた本当の豊かさとは何かを、「針江」というところに今も生き続けている「カバタ」(水辺の洗い場)を通して探ってみたいと思います。

表：１日１人当たりの水利用量

アメリカ	589リットル
フランス	290リットル
アフリカ	50リットル以下
日本	375リットル

出所：(FAO Aquastat) 国連食糧農業機関の水に関する統計データ (2009) より。

1 未来は過去に

現在から未来だけを見るのは単なる虚構にすぎません。歴史を見つめ直し、そこから得るものこそが未来への展望となるはずです。近年の、世の中の移り変わりは本当に早いものです。長い間、あって当たり前、いて当たり前だった身近な生き物や自然、人が暮らす風景もどんどん失われつつあります。

「生きる喜びを春に育ち、夏に働き、秋に生き、冬に備えてこの美しい風景とともにある水の暮らしに感謝してますわ」と、いつも私に話してくれた飯田一枝さんは八〇年間もずっと里山に暮らしています。

「昔は、山の知らせを農作業の目安にしてな……」と言うおばあちゃんは、背後に迫る山を眺めながら、めぐってくる自然の移ろいに「生きる段取り」の準備をしていました。この大きな自然とどこかでつながっているという喜びと安心が、おばあちゃんの生きる証《あかし》になっているのです。

しかし、少しずつ周りの風景が変わり、おばあちゃんの大切な「わたしの道」が車優先の「コンクリートの道」に変わりました。「そこの角を曲った川は私の洗たく場」が、河川整備で近づけない「遠い川」になってしまいました。ちょっと前までみんなで共有していた風景も記憶のなかに閉じ込められ、都市化と車社会が耕地を奪うことも当たり前の時代になったのです。

私の水とのかかわりは、今から二〇年前の一九八九年、「水と文化研究会」という琵琶湖を母体に活動するＮＧＯの住民団体と出会ったことからはじまりました。

琵琶湖の水環境の変遷に関心をもっている人々が集まったこの会のメンバーは、急ぎすぎる発展が環境破壊を起こしていることに気づきはじめ、身近な水環境を生活の現場から見つめ直してみようと、まずホタルの調査を目的とする「ホタルダス」を琵琶湖周辺ではじめたのです。「ホタルダス」というネーミングは、みんなが楽しみながらホタルの観察をしようと、お天気の「アメダス」をもじって付けた名前です。もともと「ダス」には資料収集という意味があり、ホタルの情報を収集しようという意味もありました。

その調査の呼びかけを新聞で見て参加したのがきっかけとなって、私と水とのかかわりがはじまりました。最初、この調査は三年間という期間を区切ってはじめたのですが、参加者から「もっとやろう！」という強い要望が出たこともあって、その結果一〇年間の継続観察となり、参加

水と文化研究会

琵琶湖の水質問題が大きく取り上げられたのが1980年代です。しかし、水とのかかわりは、ただ「水質」、それも自分たちの生活の場所から離れた「琵琶湖の水質」というような一点に集約されるものではなく、もっと身近な場の、幅広い物事だろうと考えた住民や専門家などの有志が集まり、「水と人間のかかわり」というような日常的なテーマを住民自らが調べる母体として、1989（平成元）年に発足しました。

「ホタルダス」と「水環境カルテ調査」の二つの調査を柱に、世界各地の湖沼調査や琵琶湖・淀川水系における水害調査など、環境や自然にかかわる多くの調査を行っています。

住所：大津市水明1－7－2
電話：077－594－2255

した人は延べ三四〇〇人を超えました（『みんなでホタルダス』新曜社を参照）。

ホタルというこのちっぽけな生き物が、なぜこれだけ多くの人の関心を引きつけることができたのか、そこに人びとがどんな思いでかかわったのか、その背景には、個人の思い出のなかにホタルがいたことや地域としての共通の風景の記憶にホタルがいたこと、そして、子どもたちの観察学習やホタルの保護と育成というさまざまな動機がありました。

当時、「滋賀県立琵琶湖博物館」の開設準備室の職員であった遊磨正秀さん（現・龍谷大学）の科学者としてのクロウトの目と、私たち地域の専門家のシロウトの目がいっしょになることによって、より深く、より正確な観察記録のデータを残すことができました。

毎年行った調査の結果を冊子にまとめ、参加者全員にだけでなく図書館や関係機関にも配布し、琵琶湖博物館では資料を公開展示しました。

一〇年間の調査で残したものはそれだけではありません。人と人の深いつながりが大きな環となって広がり、雨の日も風の日も、薄ら寒い夜も家の近くの川べりに毎日足を運ぶことによって、六八〇〇以上の瞳が身近な水環境の変化に気づいたことが新しい発見ともなりました。そして、私たちが暮らす足元から、「なぜ、人が川から遠ざかったのか、なぜゴミが捨てられているのか、その背景には何があるのか調べてみよう」という問題意識をもった参加者たちが、それぞれ自分たちの地元で活動をはじめたのです。この活動は、当時としては珍しい住民参加型の調査研究でした。

ホタルの調査がきっかけとなり、当時琵琶湖博物館の開設準備室の専門員だった嘉田由紀子さん（現・滋賀県知事）が「水と人とのかかわりにある社会的背景を生活環境から探ってみましょう」と呼びかけて、次に展開していったのが「水環境カルテ調査」でした。人の健康診断にカルテがあるように、水にもカルテがあっていいのではないかというのがこの調査の発想です。そして、滋賀県下の四五市町村六〇〇集落を対象に八〇人の地元の主婦たちが、水道が導入される前と後の水利用の取水・排水の仕方の変化を古老の方々二〇〇〇人に聞き取り調査をし、それをま

滋賀県立琵琶湖博物館

1996年10月に開館しました。

博物館では、「湖と人間」をテーマにABCの三つの展示から、琵琶湖の自然と文化を知ることができます。A展示室は「琵琶湖のおいたち」、B展示室は「人と琵琶湖の歴史」、C展示室は「湖の環境と人びとのくらし」と「淡水の生き物たち」がそれぞれ解説を加えて展示されています。

また、その中のC展示室「湖の環境と人々のくらし」では、人と自然のかかわりの変化が分かります。昭和30年代の水利用の情景が「農村のくらし」として再現され、水利用の取水・排水の仕方を水道導入と比較しながら県下600集落以上もの地域の水回りの様子を知ることができます。また、コンピュータで検索すれば、知りたい地域の様子もわかります。

住所：草津市下物町1091番地

電話：077－568－4811

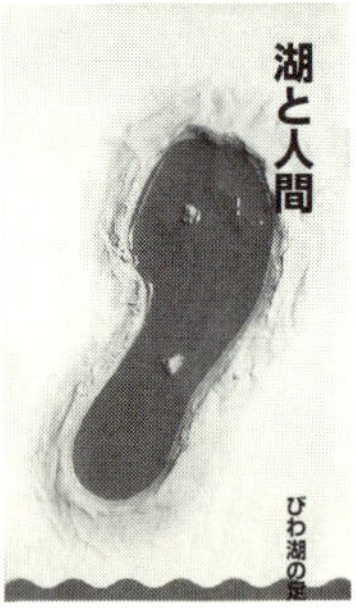

パンフレットの表紙

琵琶湖博物館でのホタルの資料展示

とめるという研究がはじまったのです。このときの調査地域に、高島市新旭町の「針江集落」も含まれていたのです。

この調査は、一九九一年から四年間にわたって続きました。集められた資料は、環境総合研究所の大西行雄さんをはじめ、メンバーの佐本泉さん、中藤教子さん、橋本博至さんの支援によってデータベース化され、一万二〇〇〇枚以上の写真とともに地域ごとにまとめた五〇冊のファイルをつくり、ホタル調査と同様に琵琶湖博物館に展示したり、ホームページでも公開することになりました。

日本のほかの地域と同様、滋賀県においても琵琶湖周辺の水をめぐる環境は高度経済成長の間に急速に変化してきました。急ぎすぎる発展が環境汚染をどんどん加速させていることに気づきはじめたのが一九七〇年代の後半です。一九七二年にはじまった「琵琶湖総合開発」（次ページのコラム参照）の影響で水の合理的な利用が進み、水は人びとの暮らしの意識からますます「遠い」または「見えにくい」存在になっていったのです。一九七七年には大規模な淡水赤潮が発生し、リンの削減を目的とした合成洗剤の使用を禁止した石けん運動（一九八〇年）が広く展開されたのもこのころでした。

しかし、当時、社会的に関心が向けられていたのは物質に主眼を置く「水質汚染」で、水や湖と人びととの「かかわりそのもの」に目が向けられることはありませんでした。水政策も、汚濁

琵琶湖総合開発事業

「琵琶湖総合開発特別措置法」（時限立法）に基づき、我が国で初めて地域開発と水資源開発を一体的に進めた事業です。その基本目標は、琵琶湖の恵まれた自然環境の保全と汚濁しつつある水質の回復を図ることを基調として、その資源を正しく有効活用することにあります。

事業は、琵琶湖の水質や恵まれた自然環境を守るための「保全対策」、琵琶湖周辺の洪水被害を解消するための「治水対策」、琵琶湖の水をより有効に利用できるようにするための「利水対策」の三つの柱で構成され、「琵琶湖総合開発計画」という大きな枠組みのなかで、国、地方公共団体が実施する「地域開発事業」と水資源開発公団が行う「琵琶湖治水及び水資源開発事業」によって、事業相互に調整を図りながら進められました。

この事業は、1972（昭和47）年からの10年の時限立法として開始され、1996（平成8）年度に地域開発事業も終了し、琵琶湖総合開発事業が終結しています。

物の流出を「制御する」という方法が主で、水とかかわる生活意識の「内面を豊かにする」という発想は見えてきませんでした。琵琶湖の水質という一点に集約するのではなく、私たちの身近な日常の暮らしのなかの水環境を住民生活の足元から考え、水を「近い」存在、また「見えるもの」にし、暮らしの「内面を豊かにし」、「水と人とのかかわりの再生を願いたい」という想いが調査を進めるなかで一層強くなっていきました。

　生活用水利用の変遷のなかでとくに注目した点は、水道導入[1]の前後でした。蛇口をひねると水が出るというこの大きな転換は、単に生活技術上の問題というより、水道が入ることによって人びとの水に対する意識も大きく変化していきました。水道導入以前は、ほとんどの地域で、湖水、川水、山水、湧き水、井戸水などを生活用水として使っていたのです。

滋賀県は、琵琶湖を深く抱くように、その集水域にそれぞれ「湖南」「湖西」「湖北」「湖東」という地域社会が形成されています。湖東地域や湖南地域では井戸水の利用が多かったのに対して、湖西地域では湖水や川水、山水、湧き水を飲用水として利用してきました。このときの調査から見えてきたものは、水道が導入されることによって水の消費量が増え、その利用も個別化され、人びとの意識や生活行動が大きく変わることによって水と人と心の回路が分断されたということでした。

現代の暮らしでは、よほどの雨不足で給水制限が行われないかぎり水不足で悩まされることはありません。蛇口をひねればいつでも水が出るし、店に行けばミネラルウォーターも数多く売られています。こうした日常の暮らしがゆえに、私たちは水のありがたみに無頓着になっているのです。

（1）滋賀県生活衛生課の調べによると、一九五五年（昭和三〇年）ごろに水道があったのは大津市と近江八幡市だけで、そのほかの地域では、ほとんどが昭和三〇年代の後半から普及しはじめました。

昔は、家を普請するときは「水を確保してから家を建てる」とまで言われ、まずは井戸水の確認からはじまったものです。また、広陵地や山間部では、山からの湧き水をトイ（竹を縦半分に割ったもの）を使って家まで引いて飲料水や生活用水にし、水源の修復や掃除も定期的に行っていました。水はかぎりある大切な資源として「ていねいに」扱われ、水への感謝は水利用の約束事の「わきまえ」として心くばりされ、それらは社会組織のあり方と深く結びついていたのです。

水道が導入される前、日本のどこにでもあった『桃太郎』の世界、つまり「昔むかし、あるところにおじいさんとおばあさんが住んでいました。おじいさんは山へ柴刈りに、おばあさんは川で洗たくをしていました……」は、自然に対して人がかかわり、川という洗い場が媒体となって生活文化がつくられていたことをよく表している話だと言えます。

川は地域の人たちにとっては共有の財産であり、水を利用し、維持管理する大切な「使い川」として存在していたのです。水とともに生きてきた人びとの暮らしを確認するものの一つに、川での洗い場があります。暮らしの根っこが「水と人とのかかわり」の風景であり、洗い場はみんなで共有していた「暮らしの営み」の風景だったのです。

そしてまた、川水や井戸水、湧き水などを生活のために取り入れた残りの水は家畜の飼料に混ぜたり、「スイモン」という溜め壺に入れて庭や畑の水やりに使うなど、すべてが有用な水となり、排水といわれるような不要な水は一滴もありませんでした。これを「養《やしな》い水」と言い、ここに

「使い回しの水文化」があったのです。

水神さんと人、人と人、人と自然がとけあう自然環境と伝統が維持されたごく当たり前の風景も、時代が移り、人口や土地利用の変化、人工林の拡大、雑木林の減少などといったさまざまな水をめぐる環境変化のなかで人と水との距離も拡大していきました。

近代技術が追求したものは、山は山、川は川、野は野、湖は湖と、切り離した産業振興でした。利便性や効率性を優先するがあまり、私たちが手にした豊かさの陰で、人やモノへの「手くばり」や「心くばり」に込められた意味を忘れてきたようです。

時代の本流は都市化に目が向けられ、豊かさの象徴として、お金を出せば何でも手に入れることができる「買う力」を強くしました。また、大量消費は「捨てる力」を増大させ、あるものをいくつにも使い回す「一物多用」の知恵や「モッタイナイ」のこころが置き去りにされ、「創る力」と「考える力」が弱体化してしまいました。

二一世紀は情報技術革命と言われ、居ながらにして国内外の情報を何でも知ることができるようになりました。しかし、こうした革命の裏側に存在している大きな問題は、私たちが暮らすもっとも身近な足元の地域にどんな人たちが住んでいて、どんな問題が起こっているのかをほとんどの人たちがわからなくなっていることです。

水と文化研究会は、その後も「身近な水環境を足元の暮らしから」をテーマに、「夏・冬水か

図：水の循環利用図

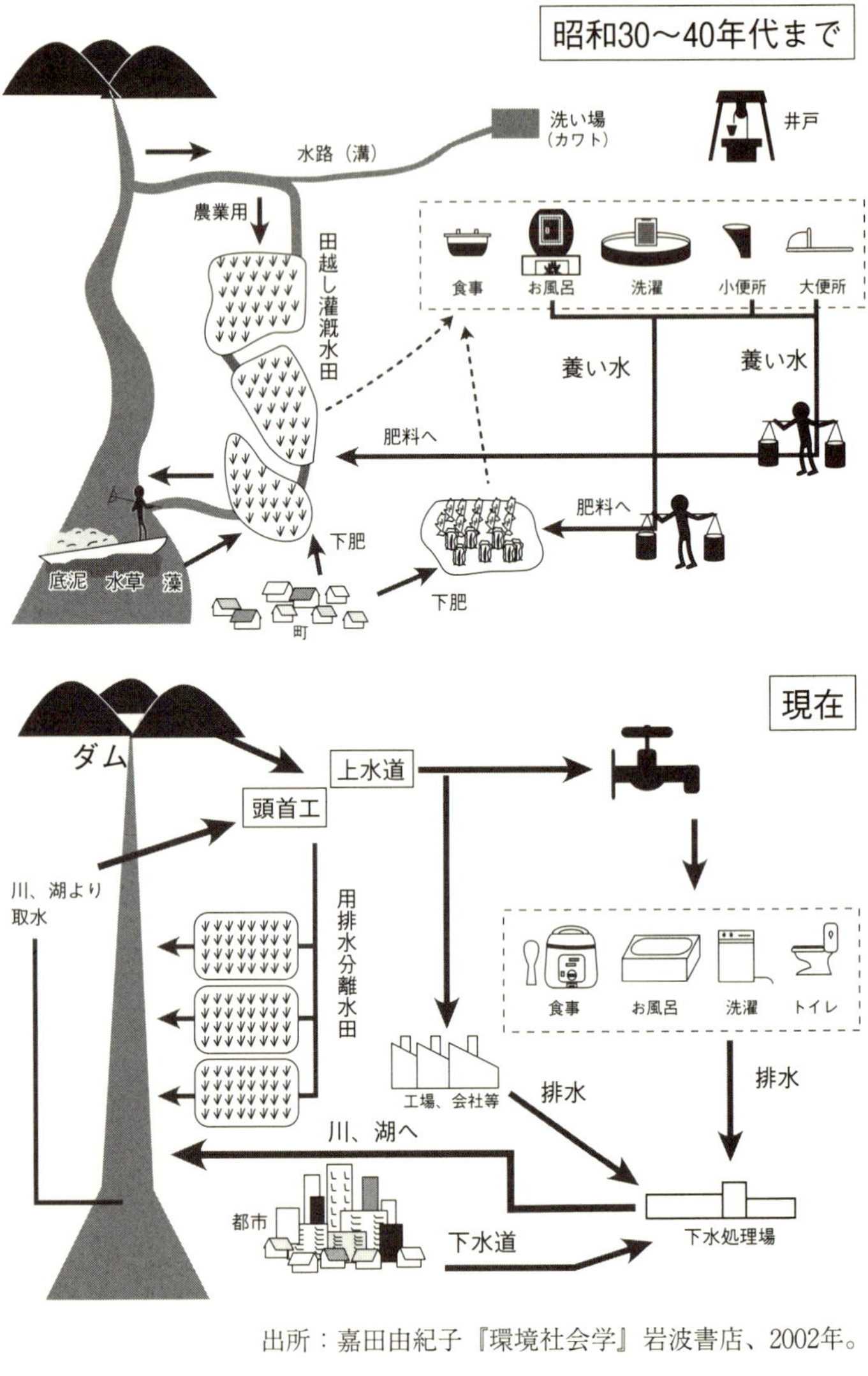

出所：嘉田由紀子『環境社会学』岩波書店、2002年。

さくらべ調査」「子どもの水辺遊び調査」（『水辺遊びの生態学』農山漁村文化協会を参照）、「琵琶湖と世界の水利用比較調査」（世界湖沼会議などで発表）や行政と協働で子どもたちを主体にした「世代をつなぐ水の学校」（針江水ごよみカレンダーを作成）を開校し、日本の水文化とその多様性、変遷について、いろいろな視点から調査をしてきました。

現在、水と文化研究会は、楽しい川の対極にある恐い水に視点を置いた琵琶湖・淀川水系の水害史を掘り起こし、今の若い人たちに洪水や水害の記憶を語り継ぎ、万一のときにはどうしたらいいのかという工夫と知恵を生みだすための活動を展開しています。水害体験者から直接話を聞き、それを子どもたち若者世代に継いでいくため、「三世代交流型」の調査を通して「自

2005年に作成した「針江水ごよみカレンダー」

分で守り」、「みんなで守り」、「社会で守る」ための方策を考え、「水害に強い地域社会」をつくることをめざしています。

近年の異常気象による同時多発的な豪雨は、各地で大きな洪水被害をもたらしています。二〇〇九年八月九日の豪雨は、兵庫県佐用町などで多くの方々の命を奪いました。兵庫県の佐用川の場合、二〇〇四年九月の台風21号でも川が氾濫し、一一か所で整備が必要と定められていました。「のどもとすぎれば熱さ忘れる」ではありませんが、「整備必要」とだけ記録して、そのままになっていたことも大きな反省点として残りました。

しかし、私たちもまた川とともに生きることを忘れ、自分たちで川を見ることもしなくなったような気がします。こうした水害に関する社会的関心が低いなかにおいて、いかに私たちは日常的な関心を高め、「命を守る」手だてを考えていかねばならないかを、今こそしっかりと考えなければならないと思います。

時代を順番に剥ぎながら、そして時代の変遷を重ねながら、山・川・湖を結び、地域のことをもっと深く掘り起こしながらさまざまなことを学んでいくことによって、暮らしの足元が見えてくるはずです。元気な地域づくりはこうした過程のなかで再生され、世代を超えて交流しながら安全・安心を願う地域の大きな底力になっていくということを、今、針江は「カバタ」を通して実践しているのです。

2 変わらず、変えないで

針江集落の生活用水の利用形態は、「水環境カルテ調査」によると、水道が入る前もその後も、飲み水や食器洗い、野菜洗いから洗面に至るまで、そのほとんどが地下水（湧き水＝生水《しょうず》）を利用して行われていました。そのほかにも打ち込みポンプの井戸があり、汚れのひどい農機具などは川の水を利用するなど、水の豊かな環境と風土に恵まれた地域であると言えます。

しかし、昭和三〇年代後半に水道が導入されると、井戸水や湧き水の利用を弾圧するかのように行政が動き、長きにわたってつくられてきた生活文化の象徴としての井戸水、湧き水、湖水、川水などの自然の水を遠ざける施策を推進してきました。

実際のところ、「家に水道がやって来た」という出来事は、毎日の水汲み、洗い物といった負担の大きい重労働を強いられてきた女性や子どもにとっては、どんなにかうれしかったことでしょう。水道を一番喜んだのは、女性と子どもだったとも言われています。現に、私の祖母や母は

「夢みたいや」と、その喜びを自らに何度も何度も語りかけながら蛇口をひねっていたのです。

二〇世紀は、日常生活のなかに機械エネルギーが導入された世紀でした。し尿、風呂の落とし水、洗たくの水は、コエモチして田や畑の肥料に施すという生活システム、つまり「使い回す」という人のエネルギーに代わって下水管という文明の利器を通って川や湖などに流され、本来の水源と水の利用場を切り離してしまったのです。

上流の人は下流の人に配慮して汚れ物は直接川で洗わないという「わきまえ」も、自然の重力に逆らって下から上に持ち上げることができるエネルギー利用（水道）が導入されたことによって水の流れが見えなくなり、人の水への意識も大きく変わっていきました。目先の豊かさと経済の拡大、利便性の追求は、先にも述べたように、自然と人との距離の拡大にもなっていったのです。

一九八三年ごろの湧き水に対する針江の人たちの反応は、「若いもんが『不潔やし、家が湿気る』と言ってな」と、カバタを人に見せることにかなり控えめで、うしろ向きにとらえていました。しかし、絶えることなく湧き続ける水に対する想いと、それを当り前としてずっと利用し続けてきた人たちの「カバタの命を絶つことは人の命を絶つこと」、「もったいない精神」といったことが、近代技術を受け入れながらも暮らしから完全に分断することを拒み続け、水神さんが宿る「カバタ」を守ろうとする人たちの勇気によって残されてきました。そして、今、カバタは針江集落の大きな財産になろうとしています。

「オギャっと生まれたときからカバタで育ってきました。もちろん、カバタの水が産湯でした。そりゃ、誰よりも長い付き合いやさかいにな……」と語る松井きく枝さん（八一歳）にとってカバタは、いつも当たり前のようにそばにいて、体の一部のようになっていたのです。

「若いもんは上（水道のある洗い場）で水をつこてますけど、私とおじいさんは朝起きたらまずカバタからですな。カバタは死ぬまで使い続けますわ」と、きく枝さんは言い切りました。

　時代が変遷するなかで、人と水との深いかかわりのなかで残されたカバタ、そのカバタに新しい命を吹き込み、「カバタ文化」として「見えないカバタ」から「見せるカバタ」へと再生させようという動きが、針江の人たちのなかに起こりはじめています。

　私たちが針江に入って調査をはじめてから数年後、マスコミなどに取り上げられたこともあって、集落は見違えるほどきれいになりました。それはまるで、「普段着の針江」が「よそいきの針江」に変身したような驚きでした。美しく化粧し直された針江がそこにあったのです。

「針江生水《しょうず》の郷委員会」の元会長である田中義孝さんは、「一〇年前までは、水洗いのゴミ捨て場みたいでした。外からの目が地域の自治を強くしました」と振り返っています。また、現在の会長である山川悟さんは、次のように、水への意識の変化を語っています。

「町をきれいにするはじまりは、集落のゴミ拾いからでした。マスコミに取り上げられたことが、それぞれの足元を見つめ直すきっかけになりました」

ここで、針江生水《しょうず》の郷委員会についてお話しておきましょう。

カバタ利用を中心にした針江の水環境がテレビや新聞で大きく紹介され、広く注目を集めるようになって以来、前にも増してカバタ周りがきれいに手配りされ、水路や路地に至るまで人の気配りが感じられるようになりました。集落全体がとても美しく、ここに暮らす人たちの明るさが何よりうれしくなるほどに地域の元気が伝わってきます。

外に向かって多くを語らない、少し閉鎖的な地域性をもっていたという集落のこの変化は、二〇〇四(平成一六)年に「針江生水の郷委員会」が立ち上げられたことによって成し遂げられたのです。県内外からの訪問者が増えるなかで、針江の人たちは自らの力で受け入れ態勢を整え、円滑な活動ができるように組織をつくりました。発足に奔走し、労を尽くした前会長の美濃部武彦さんは、次のように委員会の立ち上げを決意した経緯を振り返っています。

「カバタは敷地内にあり、その家の台所です。もし、見学者が知らないで勝手に入り込んでしまって、その家に迷惑をかけるようなことがあればいけないので……」

針江生水の郷委員会の活動（60ページのコラムも参照）

2004年、NHKハイビジョン番組『里山・命巡る水辺』で針江の暮らしが紹介されたことをきっかけに、四季を通じて水辺や里山が生き生きとしているこの地域を守る委員会として活動をはじめました。主に案内活動と環境保全活動を行い、お客様との触れ合いを大切にカバタ文化の紹介をしています。また「浜コース」の案内では、魚に優しい有機農法やビオトープ、針江浜とヨシ群落、三五郎さん（71ページから参照）の船着き場（中島）の案内も行っています。

環境保全活動としては、竹林の清掃、中島のオオフサモ清掃と赤目柳の伐採、ヨシ刈り支援活動を行っています。花いっぱい運動の推進や、水路にコイを入れて開水路をきれいに保つ工夫もしています。2009年には、収益金の一部をアフガニスタンの水に恵まれない子どもたちに寄付しました。ハコモノを建てないで、「針江里山水博物館」として、次代を担う子どもたちの環境学習の場にしたいと思っています。

（針江生水の郷委員会　会長　山川　悟）

実際、ゴミを捨てられたり、子どもに何か起こらないかという不安や「今までのように洗たく物が干せん！」という声もあり、訪問者の受け入れには賛否両論がありました。

私が育った田舎でも庭に洗たく干し場があり、どこの家でも家族の洗たく物をいっぱい干していました。洗たく物のなかにこれまで見かけなかったオシメなど見つけて、「あ、この家に赤ちゃんが生まれたんやな。早速、お祝いを持っていかんと」とよく母が言っていたものです。

お互い知った者同士、突然の雨

のときなども、もし留守をしていればいっしょに取り込んでおいたりしていたのですが、それは「助け合う」という無言の信頼関係が日ごろの付き合いのなかでできていたからだと思います。
しかし、知らない人に洗たく物を覗かれたりするのはあまりよい感じがしないものです。実際、私の近所を見回しても、最近は外に洗たく物を干している光景を目にすることが少なくなりました。

知らない人に家庭を覗かれることへの不安の声に対して、美濃部さんたちは集落の人に呼びかけ、地元の者が訪問者に付いて案内することでその懸念も軽減できるのではないかと考えて、仲間づくりをはじめました。そして、この趣旨に賛同した二六人が集まり、針江は観光地ではないことを前提として、訪問者を受け入れるための見学コースを選定しました。コースにあたる家には了解を得て、針江のエコツアーがはじまったのです。

針江生水《しょうず》の郷委員会の初代会長を引き受けてくれたのは、当時、壮友会[1]の会長をしていた前田欣竝《きんぺい》さん（故人）でした。発足時から訪問者への案内役を務めている福田千代子さんは、この五年間に込められた思いを次のように話してくれました。

「最初は戸惑いもありましたが、回を重ねるうちに、人に会うことが楽しくなりました。どうしたら喜んで帰ってもらえるか、それを考え、『ありがとう』と言ってくれたときはその喜びで疲れが癒されました。何よりも、外からの目で気づかされることがたくさんありました」

また、美濃部さんは、

「針江の子どもたちが元気に川遊びをし、お年寄りの方もツアーがはじまってからは積極的に外の人たちと挨拶を交わし、会話をするようになり、開放的になりました。見学コースにあたる家では、庭先に花を沿え、『どうぞ見てください』というずいぶん前向きな気持ちが現れてきました。来訪者が多くなって案内人の数が不足してくると、みんなで手分けしてお世話してくれるようにもなりました。何より、忘れかけていた協力しあう関係をみんなで取り戻そうという意識が感じられるようになったことはうれしいことです」と、みんなで力を合わせて協力しあう絆の深まりを実感しています。

針江にもたらされた元気は「精神も身体も元気な人」をつくり、山・川・湖や植物・生物の「自然の元気」をつくり、清々しい集落の空気に包まれて「針江の大きな宝もの」になりました。

季節の移ろいに見せるカバタの魅力に誘われて、最近では訪問者の数も月を追うごとに増えています。とくに、夏は涼を求めて、秋は心地よい自然に触れたくて、たくさんの訪問者がやって来ています。

（1）針江では、男子が学校を出ると青年団に入り、五〇～六五歳になると壮友会に入ります。そして。六五～八〇歳になると老人会に入り、八〇歳を超えると最高齢の一二人で構成されている大人衆に入ります。二〇六ページの図も参照。

「もう、これで十分です。これ以上増えれば、集落の手が足りなくなるばかりです。そんでも地元にとって、水の大切さや感謝のこころ、今まで当たり前の水への意識が大きく変わり、『ああ、これが私たちの財産やったんや』と教えてもらったことに感謝してます。これからは、この規模を維持しながら、私たちがカバタを守って次の世代へ伝えていくための努力をしていくときかな」と語る福田さんの目には、針江集落の先に見える暮らしぶりが映っているようです。

そんな豊かな水も、人に恵みを与えるばかりではなく、暮らしに脅威を与えるという恐さももっています。

今から五〇～六〇年前まで、針江をはじめとする周辺集落の湖辺農業は、ほとんどが湿田《しゅるた》のため「なんばん」という三〇センチ四方ぐらいの田下駄をはいての作業でした。また、田植えや秋の刈り取り、稲こきや取り入れには十分な農道が確保できないため、収穫した米や農機具は田舟を使って運んでいました。そのうえ湖岸に近いため、大雨になると琵琶湖の水位が上がって田んぼに水が入り込み（水込《みずご》み）、稲が浸かってしまうこともしばしばでした。

「田舟で稲刈りすんのは、ほんまに苦労しました。稲の半分が水に浸かり、舟の上から稲刈り（穂先だけ）したんですが、田んぼを見ると真っ白け、しばらくしたら刈った稲がぽっかり浮きあがってきて、それを一生懸命拾い集めましたわ」と、農作業の苦労を前川たつさん（九三歳）は昨日のことのように語ってくれました。

収穫間近の稲が一〇日ぐらいは水に浸ったままで、その稲穂からは芽が出てきて、見た目はきれいな米も収穫してみるとパサパサして美味しくなかったそうです。

一九五三（昭和二八）年九月、近畿圏に大きな水害被害をもたらした台風13号のため、高島市安曇川町も安曇川右岸の堤防が決壊し、家屋が流出しました。水は一三名の尊い命を飲み込み、今なお発見されていない人が一名いるという被害が記録されました。

高島市新旭町においてもその被害は大きく、「水中を手さぐりで稲を一株ずつ刈り取りました」、「舟の上で稲を引き寄せ、穂先だけを刈り取りました」と、当時、嫁に来たばかりの女性たちが農作業の苦労を綴っています（『湖の辺女ものがたり』風車の町の女性史づくりの会を参照）。私自身も子どものころに、ちょうど稲刈りが終わり、稲架《ハサギ》木に刈り取った稲を掛けたばかりのときにこの洪水に見舞われて、ハサごと稲が水に流され、その年は十分にお米が食べられなかったという経験をしています。私にとっては、水は常に恐い存在として頭にあります。

琵琶湖には、大小合わせて四〇〇本以上の河川・水路が流れ込んでいます。しかし、琵琶湖から流れ出る河川は瀬田川の一本しかありません。出口が一つしかないということで、琵琶湖辺《びわこへん》での水位はいつも変化していました。台風シーズンや大雨のときの洪水は、前述した「水込《みずご》み」という現象となって稲作に大きな影響を及ぼし、江戸時代においては年貢の減免要求が出されたという記録が残っていることも明らかにされています（『水と人の環境史』御茶の水書房を参照）。

とはいえ、このような水位変動は琵琶湖岸に暮らす人たちにとって決して悪いことばかりではありませんでした。集落の人たちは、水込《みずご》みに合わせてナマズやコイ、フナなどを田んぼでにぎやかに追いかけ、捕った魚をご飯のおかずにしたという「おかず捕《と》り」の思い出を、当時中学生だった石津文雄さんも懐かしそうに話してくれました。

負の側面でうまく環境を利用し、水が増えたら魚をつかみ、水が引いたら米をつくるという暮らしぶりは、天に向かっての感謝と、人智ではどうにもならないという厳しい自然と向きあいながら編み出してきた、自給暮らしという人間の知恵に満ちたものではないでしょうか。

針江の湖岸周辺からは、稲作に根ざした弥生時代の遺跡が発見されています。繰り返す水込み

河川流域網図

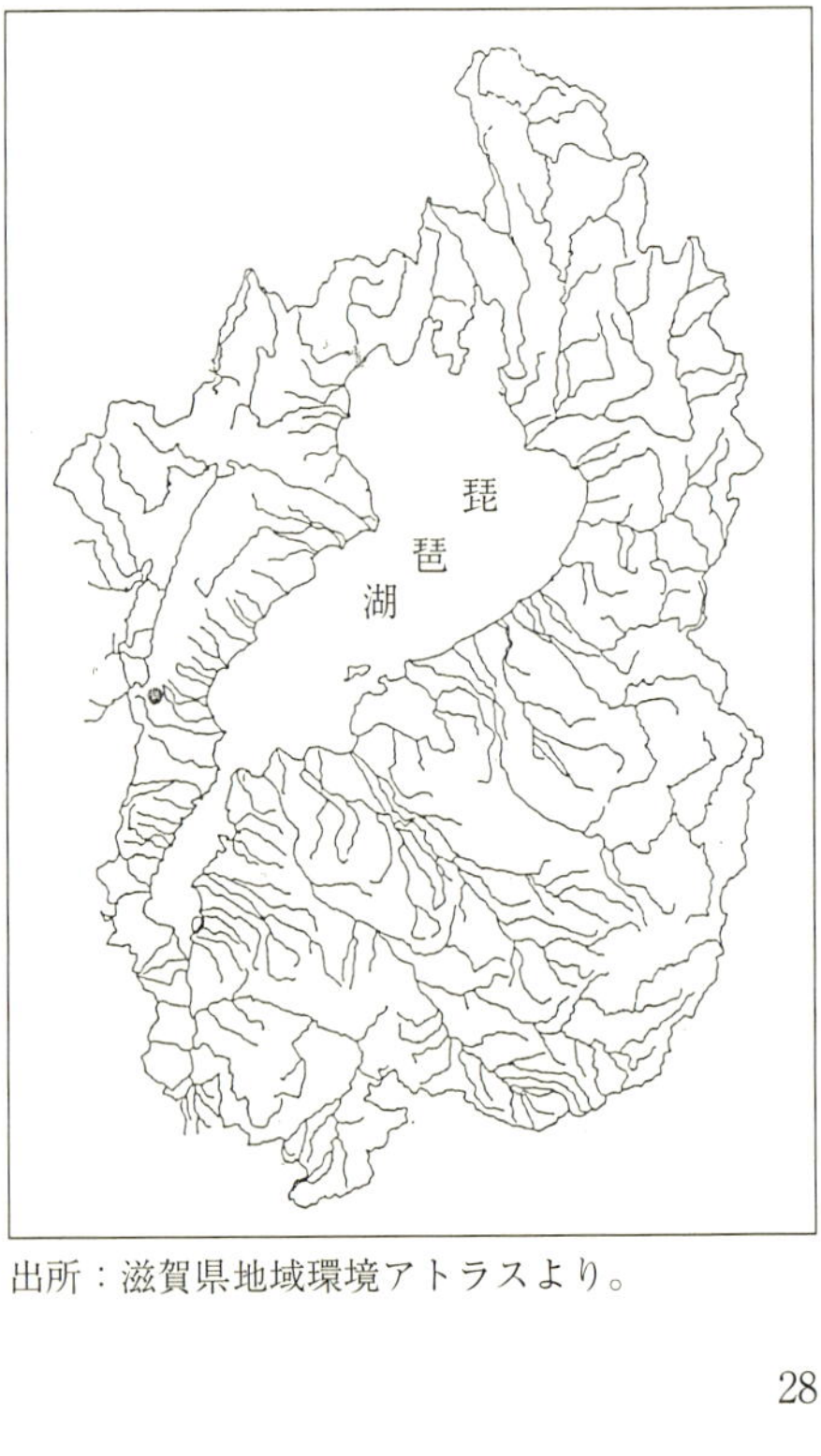

出所：滋賀県地域環境アトラスより。

を避け、洪水を受けにくい微高地の水が湧く地域に集落を形成したのが、現在の針江集落の起源ではないかと言われています。

弥生時代の人は果たして何を食べていたのだろうか、どこで洗い物をしていたのだろうか、どんな水を飲んでいたのだろうか、そんな疑問に答えてくれる直接の記録はありません。しかし、針江における人と水のかかわりの歴史は、この地を拓き、ここに住み続けようと手を入れ、心くばりをしながらムラをつくり、水との闘いを繰り返しながら大切に守ってきた人たちの土や水に対する想いが子や孫へと伝承されてきたものです。

もちろん、これは針江にかぎったことではなく全国のさまざまな地域も同じでしょう。私たちは、そのことを決して忘れてはならないのです。

3 見残したもの

歩くことは、人間にとってきわめて普通の行動です。ウォーキングは別にして、私たちは毎日の生活のなかで、とくに意識しないで歩いていることが多いと思います。日常見慣れた何でもない周りの風景に「見る」「聴く」「感じる」「触る」「考える」という、ちょっといつもと違った「意識した行動」を加えてみると、新しい発見や驚きがあって何か得をしたような感じがしたり、ワクワクすることがあります。

今日はどんな驚きや発見があったか、何人の人とどんな会話をしたか、どんな音を聴いたかなど、それをノートに書き留めてみたりすると、いつも見過ごしていたなんでもない光景から見えてくるものがたくさんあります。道端の名もない草花も一生懸命生きているんだということに気づくと、それだけで「ああ、もうこんな季節か」とうれしくなったりします。

滋賀県のある村に行ったとき、畑で作業をしているおばあちゃんに会いました。

「おばあちゃん元気ですね。ここは、自然がたくさんあって空気も美味しい。いいですね、こんな所に暮らせて……」と声をかけると、「わしはもう八六歳や。ちょっとでも体のためにと畑をしてるんだけんど、ここはなあーんにもない所でさ。ちょっともいいことなんかないよ」と、半ばあきためたように話すおばあちゃんのその畑には、五〇種類以上の野菜が遊んでいる土がないほどつくられていました。何にもないどころか、おばあちゃんはたった一人でこんなにもすごいことを当たり前のようにやっていたのです。

今、おばあちゃんはおじいさんと二人暮らしです。二人では食べきれないので、採れた野菜は遠くへ行った子どもや孫に送っているとのことです。

「こんなもんでよかったら、あんたもちょっと持って帰るか？」と、すぐ横にあったおばあちゃんの一輪車に乗り切らないほどのハクサイを積んでくれました。驚きました。おばあちゃんの「ちょっと持って帰るか」は一輪車いっぱいだったのです。

若い人が都会へ出ていき、高齢化だけがやって来る「過疎」と言われる村。しかし、この村で頑張っているおばあちゃんたちの元気な様子を見ていると、村の再生にとっては大きな力になるのではないかと思いました。

また、三重県のある村を歩いていると、集落の入り口に「田の神さん」「水の神さん」「山の神さん」など、五体の神さんを祀った祠《ほこら》を見つけました。地元の人に話を聞いてみると、夕暮れ時になると当番の人たちが毎日欠かさず明かりを灯しているということでした。ちょうど、昼と夜が交代するときです。

「もうおしまいやすか」と、仕事を終えて家に帰る人たちと声を交わしあい、お互いの労をねぎらうと同時に「こんなもん、食べるか?」と、採れたての野菜を分けあうということもするそうです。また、挨拶を交わすことには、お互いが「村のもん」であることを確認しあうという意味が込められているようです。「おすそ分け」、「自給自足」が私たちの生活を支える基盤であったちょっと昔を思い出し、私たちはお金がたくさんあることを豊かさのモノサシにしてしまっていることに気づかされました。

笹ユリが村の花になっている三重県のある村へ行ったときのこともお話ししましょう。

集落の入り口に祀られている祠

この村は、道すがらの谷間にネットを張ってユリを保護していました。しかし、大切な食糧源である畑はというと、なぜか無防備なところが目立ちます。

「畑をサルに荒らされて、私たちは毎日残りもんで暮らしてますわ。明日は何とか早起きして、サルより先に収穫しようとおもてます」という何ともおおらかな話をしながら、その残り物でつくったという村一番のご馳走で私とともに行った仲間をもてなしてくれました。

昭和三〇年代のエネルギー革命による生活様式の変化は就業構造を大きく変え、山間部の人口減少は田んぼや森林を代々守り続けてきた地域に過疎化現象を増大させ、労働力の流出による耕作放棄田や水源涵養などの環境保全を行う主体を失っていきました。こうした背景がサルやシカなどを繁殖させ、食べ物を求めて里地に下りてくる要因を加速させてきたのです。

しかし、このことを「獣害」という言葉ではなく、人間の都合である「人害」として捉えているところにこの村の人たちの謙虚さがあります。自然はそう簡単にわれわれに味方ばかりしてくれないという「納得したような気持ち」と、「人間のしてきたことへの反省の気持ち」がこの村の人たちの言葉から伝わってきました。本当は、かなり深刻な問題に違いないのですが……。

こうして歩いていると、いろいろな人やモノとの出会いがあり、地域の人たちから教えられることがたくさんあります。針江のカバタとの出会いもまた、水がどれだけ人や生き物と深くかかわっているのかを知ることができました。それに、集落に張り巡らされた「水みち」に憩う花や川に遊ぶ魚たちの姿を見ると心が癒されます。

今、開発途上国を中心に、世界の一一億人以上が安全で衛生的な水を使えないでいます。こうした人たちは川や池から汲んできた水、それも決して「きれい」とは言えない水を飲料水などに使っているのです。そして、その水を手に入れるための水汲みは、子どもや女性の仕事とされています。重い水を運ぶという重労働、それもずっと遠く離れた水くみ場まで何度も行かなければならないのです。子どもたちは、学校に通う時間さえ惜しんでそれをやり、勉強の機会も奪われているのが現状です。

二〇〇三年、水と文化研究会は、日本で開催された「第三回世界水フォーラム」の会期中に、こうした国（ネパール、ケニヤ、アンゴラ、スーダン、モザンビーク、チャドなど）の子どもたち八〇人を針江に招待しました。

集落の水を巡りながら歩いたのですが、子どもたちは「家の前を川が流れている。きれいな水が流れていて、まるで天国にいるみたい」という感動とともに「夢のようだ」という言葉まで発していました。今日の飲み水にも困っている国の子どもたちから、私たちは「水は命」ということを改めて教えられました。

世界水フォーラム（World Water Forum:WWF）

民間のシンクタンクである世界水会議（World Water Council:WWC）によって運営されている、世界の水問題を扱う国際会議です。世界で深刻化する水問題、特に飲料水、衛生問題における世界の関心を高め、水企業、水事業に従事する技術者、学者、NGO、国連機関などからの参加で、世界の水政策について議論することを目的としています。

1997年に第１回世界水フォーラムがモロッコのマラケシュにて開催されて以降、第２回はオランダのハーグ（2000年）、第３回は京都（2003年）、第４回はメキシコシティ（2006年）と３年ごとに開催されてきました。第４回の時には、日本政府の提唱によってアジア・太平洋水フォーラムが設立され、その活動の一環として「第１回アジア太平洋水サミット」が、2007年12月３～４日に大分県別府市で開催されました。

針江の子どもたちは、コンコンと湧き出る水のありがたさをこのとき初めて知ったのです。そして、針江に住む人たちもまた、カバタへのまなざしが少しずつ変わっていったように思います。

その後、京都で開催された「子どもの円卓会議」では、深刻化する水問題について子どもたちの視点からいろいろと議論されました。新旭町から参加した「世代をつなぐ水の学校[1]」の子どもたちが「もし、水に困ったらうちへ来てください」と発表すると、「川が汚れているのに大丈夫か」という質問が返ってきました。すかさず返された言葉は、「だって、うちのおばあちゃんもおじいちゃんも毎日カバタの水を飲んでるもん」でした。

NPO法人　子どもと川とまちのフォーラム

「子ども円卓会議」

流域と地域のコミュニティの再生を目的に活動する団体で、子どもたちの日頃の川歩きや学習会、話し合いを通して、感じたことや考えたことを子どもたち自身が表現する場として開催されています。

子どもたちを中心に、すべての世代、地域住民、河川管理者など流域に関わる大人たちが参加し、そこで投げかけられる子どもたちからの質問や声には、大人たちを素直な気持ちに変える力と強い共感、そして「気付き」を生むメッセージ性があります。また、子どもたちにとっては、それぞれの活動の振り返りや、自分たちの意見が現場で活躍している大人たちに受け止められたという手ごたえを感じることで、次の学びと活動への意欲と自信につながっています。

年１回の開催で、回ごとにテーマを決め、恵みと災害を総括した川を認識し、川に親しむきっかけづくりを目的として活動しています。

住所：〒604－8252
京都市中京区醒ヶ井通
六角下ル越後突抜町
311
電話：075－231－5360

これこそが、見て習う、「見習う」という生活文化の伝承ではないでしょうか。この回答を聞いて、私はちょっと嬉しくなりました。

子どもたちの言葉を裏付けるように、水とのかかわりを毎日繰り返す針江集落の人たちには水との信頼関係ができていて、その信頼が安心になって「飲む」という行為になっていることがわかります。一〇〇の言葉で語られたのではなく、子どもたちが毎日の「暮らしの現場」を自分の目で見ていたことによって発せられた当たり前の言葉だったのです。

私たちは、今、眠っている五感を揺り起こし、磨き、働かせれば、対象をより一層深く、そしておもしろく見ることができるのです。暮らしの現場から、川から、湖からの水の文化が、私たちにいったい何を語りかけているのでしょうか。以下で、その答えを考えていきたいと思います。

（1）水と文化研究会の活動の一つとして立ち上げた、新旭町の子どもを中心にした活動グループ。

4 みんなつながっている

滋賀県は、日本の東西軸のほぼ中央に位置します。面積は全国で一〇番目に狭く、その狭い面積の半分以上が山と湖によって占められています。また、弥生時代から人びとが湖辺に住み着き、暮らしを成り立たせてきたという歴史が滋賀県の誇る大きな特徴と言えます。県の周囲を山脈や山地が取り囲み、県土の六分の一を占める琵琶湖を中心にした滋賀県は、それぞれに個性的な文化を育み、その特異な地形から一般的に「湖南」「湖東」「湖北」「湖西」と地域区分されていることは前述の通りです。

琵琶湖に流れ込む四〇〇本以上もの河川・水路の上流をたどると、毛細血管のような水網ネットワークをつくっていることがわかります（二八ページの図参照）。そのいずれの地域においても、多様な生き物とともに人々の暮らしが、水の恵みと闘いという歴史のなかで積みあげられてきました。また、山の暮らし、里の暮らし、湖の暮らしを融合したこれらの暮らしの体系は厳しい自然と向きあいながら育まれ、知恵と工夫を集積することによって近江文化の厚味がつくられてきたと言えます。

高島市と大津市の一部を含む西部（湖西）は、国道161号線、国道367号線が通り、京都からはJR湖西線が通っています。琵琶湖のすぐ近くまで比良山地が迫り、平野部が少ないことから森・里・湖を一連としたその風景は琵琶湖へと開かれています。一方、彦根市、近江八幡市、東近江市などの東部（湖東）は平野部が大きく開け、工業地域の形成にともなって交通網が発達し、多様な近代工業の立地が見られます。また、大津市、草津市、甲賀市などの南部（湖南）は京阪神への通勤圏となり、最近ではマンションや建て売り住宅がたくさん建設されるというエリアになりました。

これとは対照的に北部（湖北）は、北は福井県、東は岐阜県に通じ、功名を求めて栄華を競った戦国武将を引き寄せた天下への道が四通八達しています。また、南部に比べて宅地開発が遅れている反面、緑豊かな自然と古くから開かれた仏教文化が、京を背にした観音様の里として今なお献身的な信仰の歴史を感じさせてくれます。

山をわたり、水を取り込んだ風が農地に下りて、里に命を吹き込みながら琵琶湖を巡るこの大きな循環のなかで、今滋賀県は、命の再生を目的として新しい生活世界を開こうとしているのです。

さて、本書のメイン舞台となる高島市新旭町の針江集落は、滋賀県の西部（湖西）に位置し、南北に連なる比良山系に続く饗庭野《あいばの》台地（熊野山）に開けた自然豊かな里山です。京都から滋賀の西部を走る「湖西線」というローカル線に乗ると、右に琵琶湖を望みながら、比良の山々を背景に田園が開けてくるのがよくわかります。

京都の丹波山地に源を発する安曇川、鴨川の伏流水が湧き水となり、また山間深く渓流から流れ出る水が山すその田畑を潤し、各河川に集められた水は農地を巡って暮らしに命を吹き込みながら琵琶湖へと流れ込むという水の経路が辿れる所です。山麓から湖岸にかけた狭い平野部に開けた集落ならではの、滋賀県でも珍しい森・里・湖の壮大な風景が、四季折々の美を最大限に活かして訪れる人びとの目を楽しませてくれます。

湖西線の「新旭駅」に下車すると、駅構内に高島市の地場産業を紹介した展示ケースがあります。高島市は、縮織を改良したクレープ地の「高島クレープ（ちぢみ）」の生産で有名な町です。安曇川の湧き水の美しさと、場所によってはその水が金気《かなけ》を含んでいるために紺染めに都合がよく、美しい糸に仕上がるということから地場産業として評判を高めています。

昔は、織物や撚糸を副業とする集落もたくさんありました。最近ではその数も減って、操業している所もわずかとなりましたが、当時の建物はたくさん残っています。もちろん、針江集落にも撚糸をする人がたくさんいました。工場だけが残っていますが、そばを通ると今でも撚糸機を回す音が聞こえてきそうです。

　新旭駅から北へ徒歩で二〇分ほど、もしくは駅から町内を循環する「はーとバス」（二〇〇円均一）に乗ると、一〇分ほどで琵琶湖畔に開けた針江集落に入ります。その中心を針江大川が流れています。

　大川は、その昔、さまざまな物資を運ぶ重要な交通運搬路でした。針江公民館前にある北出さんのお宅は運送業（問屋さん）だった所で、船着場には物資のほかに集落の人たちの田舟もたくさん停泊していました。北出さんのお宅の庭には今も大きな桐の木がありますが、それは「注文製作用の下駄の材料として出荷していた」ということを、奥さんの美津子さんが話してくれました。

　当時は大川の琵琶湖岸まで丸子船が来て、荷

高島クレープ。駅前にある「高島地域地場産業振興センター」や道の駅で購入できる

丸子船

江戸時代に湖上水運の主役を務めたのが丸子船です。二つに割った丸太を船の胴の両側に付けた、琵琶湖独特の木造船です。湖北には、この丸子船の実物を展示し、ジオラマや古文書などで当時の様子を紹介した資料館があります。

名　称：北淡海・丸子船の館
所在地：伊香郡西浅井町大浦582
交　通：JR 湖西線永原駅下車徒歩５分、JR 北陸線近江塩津駅下車車10分
料　金：300円（大人）、150円（子ども）
休館日：火曜日（祝日の場合は翌日）、12月27日～１月５日
電話　：0749－89－1130
http://www.koti.jp/moruco/

北出さんのお家の大きな桐の木

の積み替えを行っていたとも伝えられています。現在では、まったくその姿を見ることができなくなりましたが、全盛をきわめた江戸中期ごろの湖上では、一四〇〇隻もの丸子船が一斉に帆を広げて行き交い、京都・大阪・北陸・東北・北海道などとの輸送経路として琵琶湖水運は重要な役割を果たしていたのです。

針江の氏神さんである日吉神社前が、当時の船着場のあった所です。かつてにぎわった船着場は、今、夏を待ちきれずに川遊びの子どもたちでにぎわっています。女の子も男の子もいっしょになって、織物用の、糸を並べておく平板を利用して川下りを楽しんでいます。針江大川の清流に誘われ、カバタに生きる水に癒された訪問者たちは、心の積み替えをしながら往時を

日吉神社前にあるかつての船着き場

守り継がれてきたカバタ

引っ越した空地に残されたカバタ

偲んでいることでしょう。

外からやって来た「風の人」と地元の「土の人」が溶けあって、針江集落は今、何もかもが元気に輝いています。針江には、一二〇か所以上のカバタがあり、そのカバタ一つ一つに家庭の顔と味があります。本書に登場するカバタにはそれぞれ名前が付けられていますが、いっしょにカバタ歩きをした京都精華大学の学生たちとカバタ主の話から「これだ!」と思って、そのときの印象をそのまま名前として付けてみました。

以下で表記するカバタの名前は、このときに付けたものです。その名前から想像されるカバタの語る一つ一つの言葉から、守り継がれてきた針江の暮らしぶりと水の向こう側にある歴史の重みを味わってほしいと思います。訪れるたびに、きっと驚きと新しい発見があるはずです。

それでは、本書の主人公となるカバタを見ていくことにしましょう。

5　便利になったのに、なぜカバタ？

湖水、川水、山水、湧き水など自然の水を利用していたころ、その利用場としての形態はさまざまでした。遠くの川まで人びとが移動することもあれば、家の前や後ろの川に石段の足場をつくって洗い場（カワト）にしたり、雨風を防ぐための小屋（カワタ、カバタ）を造ってちょっとした道具類を備えたり、また水を一時的に溜める池が掘られたりと、それらは公共的に、また個別に呼び方から形まで細やかでさまざまな工夫が施されています。

ほとんどの集落で、共同の井戸や広い洗い場が造られていました。女の人たちは、農閑期になると布団などの大きな洗い物を持ってこの広い洗い場にやって来ます。そこは、普段できない子育ての話や家庭のことなどの情報を交換する井戸端会議の場になっていて、忙しい毎日から解き放たれた楽しい、ほっとする空間でもありました。

水利用の調査でそれぞれの地域におじゃまするときは、そこに住むおばあちゃんたちに昔の洗

湖辺の水利用場

川の洗い場カワト

い場を案内してもらっています。かつての姿を変えている所もあれば、その名残をとどめている所もあります。その場所に立って話を聞いていると、苦労したことや楽しかったことなど、当時を振り返りながらどんどん記憶がよみがえってくるようです。

「洗剤などなかったころは、サイカチ（豆科の落葉高木）の皮や神社のムクロジ（ムクロジ科の落葉高木）の実を取ってきて、よお泡が出てな」とか、「農作業が休みになると、大きな洗い物を持ってよおここまで来ましたわ。えらかったけど、みんなでいろいろ喋りながら楽しかったですよ」と、うれしそうに話してくれました。

針江集落にも共同の洗い場がありました。針江で生まれ育ち、同じ在所に嫁いできたという松井きく枝さんは、「今はカバタが外にありますが、昔は内にありました。大根など野菜もんは内カバタで洗い、大きな洗たく物は共同の洗い場へ持っていってました。あんまり広くないので、早よ行って場所取りしましたわ」と、にぎやかに洗い物をしていたころの様子を懐かしく思い出しながら話してくれました。

そのころの女性たちは、農作業、家庭の仕事、家事、育児と、一人で何役もこなすのが当たり前だったのです。男性社会のなかで、身の周りの水環境をいつも敏感に受け止め、女性たちの労働で支えられていたのが水の文化であったことを、一つ一つの語りから改めて教えられました。だからこそ、水道がやって来て一番に喜んだのですが、その一方で、簡単には水との信頼関係を

今も残っている当時の共同洗い場

カバタ小屋（外カバタ）

断ち切ることができなかったのです。

「洗たく機で洗たくしても、ほんまにきれいになった気がせんのや。安心できんからすすぎはカバタや川にかぎるな。流れのある所で洗わんとなあ」と話していた手押し車のおばあちゃんの言葉に、その意味が込められているようです。

カバタやカワトという洗い場へ洗い物をしに行く。みんなで使う水だから、汚さないように泥のついたものはタライで荒洗いをしてから清洗いだけをカバタでするという暗黙の約束事、水利用場に注がれる信頼と愛着の深いまなざし、こうしたかかわりを繰り返すことが経験となり、知恵となっていくつもの工夫が紡ぎだされていったのです。人と水の関係は、人間社会がもつ「わきまえ」という倫理的な面と、「感謝して」、「モッタイナイ」という精神的な面にも大きくかかわっていたのです。

農村が都市化することだけが文化ではありません。しかし、生産の効率化や暮らしの快適さは私たちが望んで受け入れたことです。今、改めて、昔ながらの良さを私たち生活者の目線で見つめなおし、足元のあるものから地域を考えていくことが重要と言えるでしょう。

山や川からの幸が自然からの貴重な資源となって地域に恵みを与え、その管理もまた、地域の自主管理として長く維持されてきました。その自然と人とのかかわりの距離、そして時間と歴史のうえに今があるということを、針江の人たちの生活様式に触れたときに気付くはずです。地下水、湧き水にこだわって暮らす針江の人たちの自然水信仰は、新しい「カバタ文化」として見直そうという環になって広がっています。私たちが毎日利用する水道、その蛇口の向こうにあなたは何を見るのでしょうか。

カバタつれづれ　命の水と、健やかな子どもたちやお年寄りたちに

美濃部武彦

生水《しょうず》は、弥生の時代より先祖からの預かりものです。この預かりものは、命の水であり、私たちが生活上絶対に必要な命の水、そして洗い場としてカバタ文化が形成されました。

長い年月、上流の人は川下を大切にし、下流の人は上流の人の顔を見て、信頼して人間と水、生物が共生し、農地を元気にし、そして琵琶湖へきれいな水を送ってきました。そして、今も送り続けています。

先人より預かったこの生水をしっかり守り、次世代へつないでいくことが私たちの役目です。針江のカバタ文化は日本の原風景であり、私たちがこの環境のなかで生活できることはこのうえない幸せであり、誇りに思います。

6 自然の川と隣りあわせの台所

針江集落の水みちは、湧き水といっしょになって集落を巡っています。一七〇世帯の家ごとに自噴している水は地下約一八～二四メートルからの湧き水で、その深さは琵琶湖岸に近づくにつれて浅くなっていきます。年間を通して一二度から一三度の定温ですが、水路の水が混ざりあっている所では一六度ぐらいになっています。

琵琶湖の水位変動には関係なく、この水が枯れることはありません。また、家に沿って流れる川には、集落で放っているコイが天国を得たように上流から下流へ、下流から上流へと悠々と楽しく遊んでいます。人の気配がすると寄ってきて、大きな口を開けてエサをねだったりします。

針江のカバタは、三つの池からできています。まず、地下に鉄管を打ち込んだところが「元池」、元池から汲みあげたところが「壷池」、壷池からあふれ出た水を溜めておくところが「端池」です。

端池は少し低く広くなっていて、壷池を囲うようになっています。元池の真上が壷池になっているところもあれば、元池だけが屋外の離れたところにあり、それを引き込んだ壷池を囲うように端池があったりします。端池は生簀《いけす》のようになっていて、そのなかにはコイが泳いでいます。

壷池は直接飲み水に、また洗面器などに取って顔洗いや歯磨きに利用し、端池で野菜や食器などを洗います。野菜の洗いカスや食器についたご飯粒、そしておかずの残りものはコイが餌として食べるので水はいつも濁りなく、きれいに保たれています。水を媒体にして、人間と生き物とのよい関係がつくられているのです。

家々に沿って流れる川（水路）の水がカバタに入り込み、端池の水と交じりあって再び川

針江の水みち

（水路）に出ていくものもあれば、端池からあふれ出た水だけが川に出ていくものもあります。針江の水みちは、こうして隣から隣へとつながり、人と人を結びながら琵琶湖へと注がれていきます。カバタそのものの視覚的な美しさだけでなく、その佇まいには、この地域の文化の奥行きが見えてきそうです。

カバタから聞こえてくる営みの音は、圧倒的な存在感となって耳に入ってきます。針江集落の水みちは川であり水路でもあります。そして、その水みちを流れていく川を、地元の人たちは「わきまえ」のもとで利用し、維持管理していきます。水みちは、水と人をつなぐ媒体としての役割だけでなく、水を守り、大切にする人たちの作法でもあるのです。

水を利用するための川の維持管理としては、

カバタの構造。中央が「元池」、鉄管の周りが「壷池」、外回りが「端池」

個人の「わきまえ」と年に四回行われる集落総出の川掃除があります。川には花をつけないセキショウモ（通称オトコモ）と、白い可憐な花をつけるバイカモ（梅花藻・通称オナゴモ）などの藻類が繁茂していますが、掃除のときにはバイカモを残してほかの藻類を刈り取ります。

バイカモは水の汚れを敏感に受け止める環境指標植物で、七月ごろからウメの花に似た白い可憐な花をつけます。このシーズンの風物詩の一つとして、町のにぎわいにいろどりを添えています。また、「オナゴモを残して、オトコモを刈り取る」という仕分け作業からは、集落の秋祭り（二四〇ページから参照）の女性たちの活動でもわかるように、針江の女性たちの元気の源を連想してしまいます。

農家の人もそうでない人も、この日は長い棹

集落総出の川そうじ

の先に鎌を結びつけ、一斉に藻を刈り取っていきます。琵琶湖に流さないように川下で堰止めをし、次々と岸に引き揚げていきます。川底をさらうには、長い柄の先に竹で編んだザル状のものが付いたスコップのようなジョリン（ジョレン）を使います。刈る人もさらう人も「もうかりまっか！」と、しんどさを楽しさに変えて大にぎわいです。

刈り取った藻は、有機農法をしている石津文雄さん（八五ページ参照）が堆肥として循環利用しています。掃除後の大川は透き通り、バイカモの緑がひときわ美しく映えています。

集落の入り口から湖岸までのゴミを拾い、川底の藻を刈り取って、最後に河口に溜まった藻を引き揚げて終了というこの作業は、単に清掃するというだけではなく、みんなで作業をする

下流の堰止めは藻を湖に流さない工夫

という社会的な意味に加えて、川の水が安全に流れて氾濫を防ぐという水防の意味も含まれています。

またこの日は、子どもたちも別の意味で楽しみにしています。清掃によって藻が刈り取られた川では、居場所がなくなって出てきた魚を追いかけて「かいどり」（手づかみ）を楽しむのです。針江大川は、集落の人たちを結びつけながら環をつくり、暮らしのにぎわいといろどりをつくりだしてくれる「里川」なのです。

水と人のつながりが見える暮らしは、集落の人たちのこうした手間隙をかけた気配りによっても感じ取ることができます。個別意識から共同意識へと、その流れもまたカバタからはじまることを針江の人たちはよく知っているのでしょう。

カバタは家にあるもう一つの台所（内カバタ）

カバタは、それぞれの家が使い勝手のいいように設えています。端池を囲うように屋根を付けて石組みを土台にし、雨水が入らないように周りを小屋のようにしたカバタを「外カバタ」（四九ページの写真参照）、一方、家屋の中にあるカバタを「内カバタ」（前ページの写真参照）と言います。どちらのカバタもその中は水屋《みずや》のようになっていて、棚には炊事や歯磨きなどに使う日常品が並べられています。横壁には釘が段状に打ち付けられており、洗った野菜を入れる大小の籠や「ドンジョケ」と呼ばれる魚獲りの籠などが吊るされています。カバタの洗い口の横には、糠床《ぬかどこ》や味噌樽など保存品が置かれています。そして、水のそばには花が供えられて、水神さんに感謝しています。

カバタは、家にあるもう一つの台所であり、洗面所でもあるのです。自然の川と隣りあわせの台所、この台所からたくさんの針江の味が生まれています。どんなにシンプルなカバタであっても、その端正な姿は、それぞれの家が代々受け継いできた歴史を重ねながらその個性をしっかりと表現しています。人の暮らし方が大きく変化した今、人々は便利さに慣れてしまいました。しかし、針江に来て目にするカバタの風景から、そこに暮らす人たちの水への想いと生活をつなぐ文化の厚味を感じ取れるはずです。

一日、一生懸命働いたあとに食べるカバタで調理された野菜たち、そしてキラリと輝く端池の水底の魚たち。どれもみな何気ないちょっとした付き合いかもしれませんが、ここに暮らす人たちにとっては、それが大きな安心となって癒され、大切な、そして親密なかかわりを重ねているように思えます。新しさと懐かしさが一つになって、日本の水文化の伝統が維持され続けている暮らしです。私たちが忘れかけていた習慣や言い伝えを大切にしてきた先人の姿を、針江の水と人とのかかわりに重ねあわせることができます。

カバタが観光の対象になるとは思ってもいなかった人たちも、この「もったいない水」のありがたさに気づきはじめています。いつもの、当たり前の日常生活に価値があると思うことはとても難しいことです。その暮らしが凄いと言われても、そこに住む人たちには理解できないかもしれません。しかし、外からの評価によって針江は大きく変わりました。「カバタが観光になるなんて思ってもみんかった。そうかな、そんなに凄いのかな」と、地元の人たちは言います。「美しい」、「懐かしい」と言ってくれる人たちの声に地元の人たちの目も変わり、カバタとの生活に再び新しい風が吹き込まれたのです。

今、針江は輝いています。元気です。「針江は私たちの自慢です」と「針江生水《しょうず》の郷委員会」の前会長であった美濃部武彦さんは、胸を張って訪問者に語っています。カバタという生活空間に「生活の美しさ」という「モノサシ」をあて、高めることによって人や地域の新しい生き方が生まれてきます。カバタのもつ感性や考え方をもっと掘り下げて、そこから地域の社会力や生きる力につなげていくことができれば、福祉や教育をも視野に入れた、世代を超えた「地域づくり」

針江生水の郷委員会事務所

針江集落の散策を希望される人は、公民館横にある事務所で受付をして、地元の方の案内のもとに散策してください。「カバタと町並みコース」と「里山・湖畔コース」がありますが、どちらのコースも参加費は1,000円で、所要時間は約１時間30分です。もちろん、事前の申し込みも受け付けています。

また、毎月第２と第４土曜日には定期ツアーが組まれていて、参加費2,500円で地元の美味しい豆腐、鮎の佃煮、鮎のてんぷらなどがご賞味いただけます。そのほか、古民家での体験型宿泊施設（１人１泊3,000円）や、針江大川での筏下りなどの申し込みも受け付けています。

住所：高島市新旭町針江315　針江公民館横
電話：0740－25－6566
http://geocities.jp/syouzu2007/

針江生水の郷委員会事務所

も可能になるのではないでしょうか。

とはいっても、針江集落は観光地ではありません。カバタのほとんどは家庭の敷地内にあり、そこでは日常の暮らしがあるのです。先祖たちが丹念につくりあげてきた、ここに暮らす人たちの生活環境です。しかし、私たちが土足で踏み込まないかぎり、針江の人たちはお客様をお迎えする「おもてなしの心」でカバタへ誘ってくれます。

集落の土の匂いと楚々として飾らないカバタの魅力、そして普段着の針江の人の優しさは日常と変わらない言葉で語りかけてくれます。

「地元のもんがカバタを案内することで、外からの人と交流ができ、さらに集落の人の水への意識が高まることはうれしいことです」と、美濃部さんは言っています。

カバタつれづれ　わが家のカバタ

清水裕之

わが家のカバタは清く豊富に湧き出る湧水のみを用いており、河川水は一切流入していない。大きな切石で四角形に築造され、中では魚が泳いでいる。カバタの水温は年中一二度に保たれていて、冬季には温かく夏季には大変冷たく感じる。子どものころはカバタの中で遊ぶこともあったが、一二度ほどの水温は冷たいというよりむしろ痛いと感じるほどで、カバタにはしばらくの間しか入っていられなかった。

カバタに湧き出る湧水はとても美味しい。わずかな高低差を利用して外カバタから家の中にある内カバタへ引き込み、それをまた外カバタへ戻して循環させていた。

カバタでは、いろいろな野菜や果物などを美味しく食することができる適温に冷やすことができる。麦茶はもちろん、大量のそうめんも一度に素早く美味しい適温に冷やせる。私は、カバタで冷やしたそうめんと麦茶が一番美味しいと思っている。

ほかにも、カバタの湧水をいろいろなことに利用している。洗顔、洗たく、風呂、花壇や庭木や畑の水やりなどだ。かつては、夏季になるとカバタの冷水を汲み上げて水冷式の冷房にも利用した。自動車のラジエーターを窓の外に吊るし、これにカバタの水を循環させ換気扇で風を送り込むというもので、多少音が気になったが、涼しく過ごすことができた。カバタでの洗顔は爽快である。両親は、今も毎日カバタで歯を磨き、洗顔し、カバタを泳ぐ魚にあいさつをしている。

7 地下水脈の上に立つ針江集落

川に拓かれた針江集落は、水路でつながっているだけでなく軒先でもつながっています。碁盤の目のように張り巡らされた水路一本に数軒がつながり、カバタでの水使いは隣り同士の心得によっていつもきれいに保たれています。家のつくりは、水郷として水路が入り込んでいることもあって、マキ囲いや塀などがほとんどなく、歩きながら、どこの家でも覗き込めるという密集した形態となっています。

一九二四（大正一三）年一二月に出された「農業及水利土地調査書」によれば、「針江地区は湧水地であり、『用水ノ憂ナク』……」とあり、また「湧水地が点在し一帯地下水脈高く……」と記されています。針江の「針」は「墾」を指し、湖沼地を開いた墾田に由来しています。

歴史は、地層のように積み重なって成り立っています。地下水脈の上に立つ町である針江集落は、まるで人間がゆっくりと深呼吸するように、人と水のかかわりを通してここにある暮らしの原点を見せてくれます。針江の人たちは、水とのかかわりを通してその絆を深くしているのです。はるか昔から現在、そして未来へと土が息をし、水が力強い流れを映し、風光る針江はそれぞれが輝いて生かしあっています。

　歴史をタテに生きた先人がつくりだした条里の社会、祭りや葬式の手伝い、池さらえ、灌漑用水路の整備など、さまざまな仕事を針江の人たちは分担して行っています。自然環境と一体になり、その風土に適応した地域性、そこに暮らす人々、時代とともに生き続けるその住まいにもまた大きな魅力がひそんでいると言えます。

　現在、針江地区は、東は深溝地区、西は森地区、南は霜降地区に隣接し、北は琵琶湖岸へと広がっています。一八七三（明治六）年の地籍図によると、新儀村になったあたりには七つの小字（西出・八田・川北・西浦・大久保新田・餅出・東浦）がありましたが、すでに一八七四（明治七）年に針江村と小池村が合併して針江村になっています。一八八九（明治二二）年に施行された町村制によって饗庭村と新儀村が成立し、さらに一九五五（昭和三〇）年に両村が合併して新旭町になりました。平成の大合併（二〇〇五年）によって高島町・安曇川町・朽木村・新旭町・今津町・マキノ町の五町一村が一つになって、現在の高島市になりました。高島市新旭町針江は、現在、「西出」「川北」「大久保」「東出（小池を含む）」の四つの小字から成る、世帯数一七〇戸の小さな集落です（『高島郡誌』高島市教育委員会を参照）。

森・里・湖の回路が見える針江集落（見返しの写真参照）

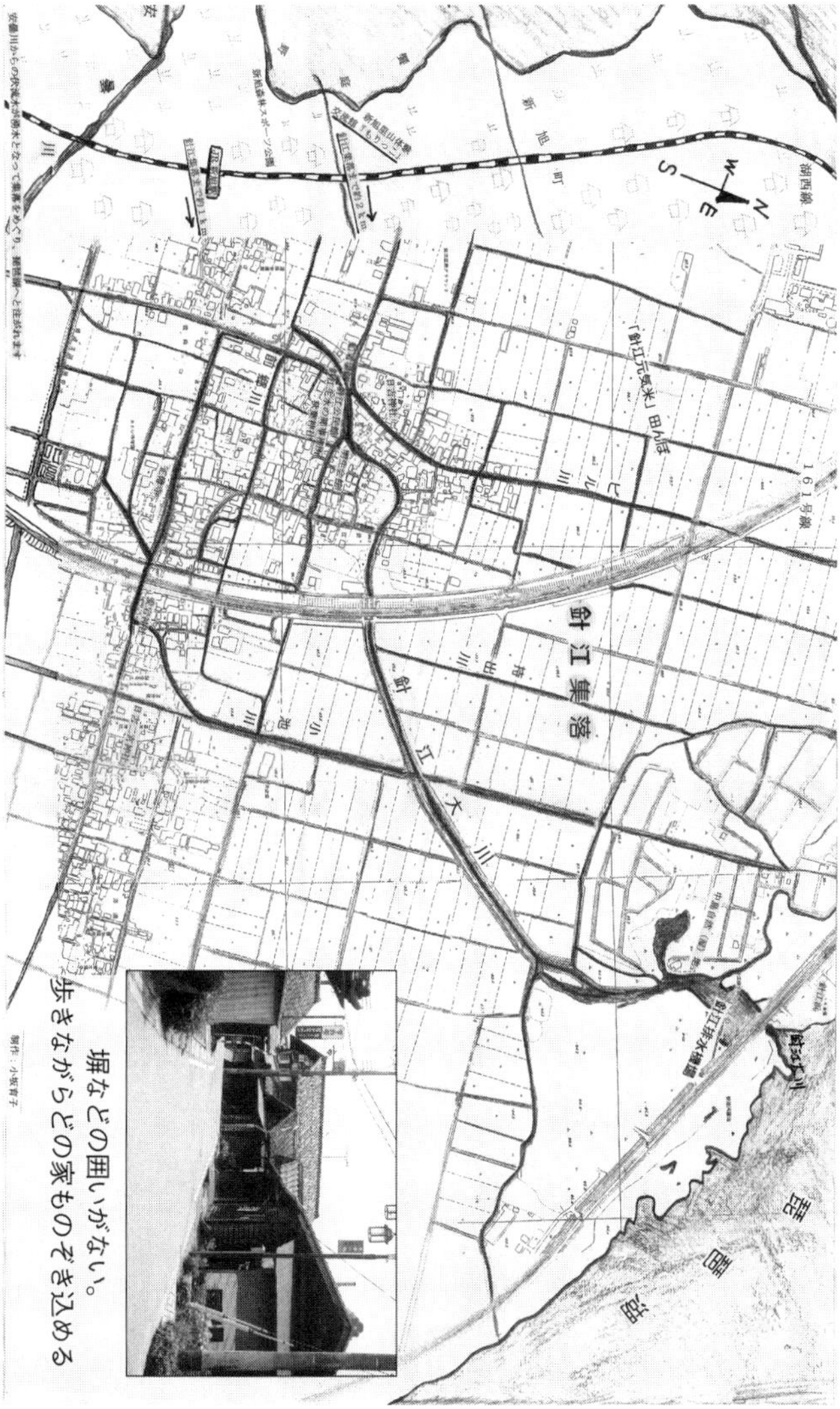

集落内の道はそんなに広くはありません。しかし、車一台が通るのが精いっぱいの道からは、軒先でつながり、路地でつながっている暮らしの奥行きを見ることができます。昔の姿を秘め、いくつもの歴史を積みあげてきた民家は、まさに凛とした誇りをもって立ち、圧倒的な存在感を見せるカバタは、そこに暮らす人たちの「まんなか」にありました。

集落に入って驚いたのは、焼杉塀の家が目立つことです。軒先でつながるような焼杉塀の景観は、代々家を守り、受け継いでいくことを伝統とし、建物自体を長く保持していくための家人たちの工夫なのです。表面を焦がした炭化状の焼杉塀で建物を仕上げることで燃えにくくなり、火災に強い家となったのです。それだけでなく、風雪や湿気の多い風土に合わせた耐久性という役割を担う先人の知恵なのです。年月を重ねてもその色合いは落ちにくく、かえって時を重ねて現れるその風合いは、自然に溶けあって民家の美しさを増しています。

民家の地域的な特色は、その風土条件とともに暮らしの生業と深いかかわりをもっています。主屋《オモヤ》に対して付属の建物が多く見られることからも、ここに暮らす人たちの生活状況を推測することができます。主屋を中心にして干場《カド》や庭があり、これらを囲むようにたくさんの付属の建物が並んでいるという半農半漁を生業にしていた暮らしの形です。

座敷の外側に縁側があり、その前には庭木の植え込みをした庭先《センザイ》を設け、焼杉の高塀に瓦葺の小屋根の付いた路地門《ロウジモン》でそれを囲っています。その門をくぐって座敷に上がれるのは、仏事では方丈さんだけで、嫁入りなどの慶時では、お嫁さんに付いてきたオモシンルイ（濃い親戚）だけという門が今も残っています。ちなみに、ほかのお客さんは玄関《カドグチ》から入ります。

また、付属の建物として便所（大・小が別）や農・漁業用の作業場、納屋、物置《モノケ》、灰小屋、クイ小屋、竹小屋、高床式の倉と、水汲み場のカバタ小屋や井戸などがありますが、現在ではその機能を失っているものもあります。

主屋を中心にした民家は、その時代の人びとの生産と貯蔵の場であることがよくわかります。便所は大・小が分かれていて、風呂の落とし水が小便所に落ちて薄められ、それをコエモチして畑の肥料にしています。また大便所は、数か月発酵させたのちに、これもまたコエモチして肥料としています。

路地門

風呂焚や炊事の燃料として使用されたのは、主にワラだったそうです。ワラの灰は灰小屋に貯められて、マメなどの野菜物の肥料にしたり、雪の多いこの地においては根雪を早く融かすためにも使われました。

カバタから汲んだ水を風呂に入れるという作業は、忙しい両親に代わって子どもの仕事でした。

「学校から帰ると、親は田んぼへ行って帰りが遅くなるので、何とか親が帰るまでに入れておこうと、服をベタベタに濡らしながら端池からバケツ二つを手に持って、一生懸命水を汲んで入れましたわ。私の背丈より高い風呂場の窓から水を入れるのは、そら、えらかった」と、前川たつさんは懐かしそうに子どものころの思い出話をしながら、実際にその格好をしてみせて

便所

くれました。
そのころは（昭和三〇年代）は、「もらい風呂」と言って、風呂のない家や燃料を節約するために、毎日沸かさないで近所同士が交代で風呂のもらいあいをしていました。たつさんの家で風呂を沸かしたときは、「今日、風呂沸かしたから来ておくれや！」と、夕方にたつさんが近所一〇軒ほどに触れて回っていたそうです。こうして、当時の子どもたちは、家族の一員として役割を担いながら社会参加をしていたのです。

たつさんは現在九三歳です。「カバタは、たつさんにとってどんな存在ですか？」と尋ねると、笑いながら「主人より深い関係ですわ」としゃれた言葉を返してくれました。また、「昔はどんだけ苦労したことか、つらい毎日でした」と嫁いでからの日々を語るなかで、「カバタに来て、水を見ると心が落ち着きました。やっぱり苦労した数だけ思いやりの心もありますわ」と、カバタの水に癒されて、育てられた感謝の気持ちを「カバタのおかげ」という言葉で表してくれました。

今は空家になっている昔の民家で、なつかしい五右衛門風呂を見つけました。ここの家でも、近所に声をかけて「もらい風呂」をしていたのでしょうか。一人が入るのにちょうどよい広さですが、電灯がないために暗く、また燃料節約の意味もあって何人もの人が追いかけるように次々と入ったようです。

女の人たちは最後のあと片付けが終わってからやっと入れるのですが、「しまい風呂」のころにはおそらく膝ぐらいまでしかお湯がなかったことでしょう。それに、風呂といってものんびりと疲れを癒してばかりもいられず、洗たくが待っているという厳しい毎日でした。

「電気なんかなかったので、湯の量も、汚れ具合も、そんなもん、わからんかった。今は、何もかもが結構な世の中ですな」と、その風呂をしばらく見つめながらたつさんが話してくれた言葉の一つ一つの意味に重さを感じてしまいました。

五右衛門風呂が外から見える

ほかの付属の建物として「牛小屋」があります。農耕の主力であった牛を飼育していた所を「ウマヤ」とか「ウシゴヤ」と言いました。どこの家にもあったというわけではありませんが、数軒の家には牛小屋があったそうです。牛小屋が別棟になっていた家と、家族の一員として牛を大切にしていたために主屋《オモヤ》の玄関《カドグチ》の隣に配置されていた家もありました。現在では、改造したり建て替えによって接客空間に変わってしまい、その姿を見ることはほとんどできません。

いったん作業がはじまると、野良仕事のままの服装で用が済ませるように効率的で生産力を高める工夫をそれぞれの家が行っていました。その建物の名称から、さまざまな生活するうえの意味を理解することができます。

「大黒柱を中心にして方位を見ると、辰巳（東南）の方角には便所、表鬼門には池やカバタ、裏鬼門には押入れなど、戌亥（北西）の方角にはクラ（米倉）やモノケ（物置）がいいんや。とくに、表鬼門に池やカバタを配するのは、ここはいつもきれいにしておかなくてはいけない所やから」と、田中三五郎さんはそれぞれの建物に意味があることを説明してくれました。

カバタは、特別な場所として「命の在処」とし、水への思いが込められていたのです。また、便所を辰巳の方角に配しているのは、大便のときなどに長い間オシリを出してしゃがんでいると寒くて困るし、何といっても、日当たりをよくして醗酵を少しでも促進させ、肥料効果を高めるという知恵の現れなのです。

倉が高床になっているのは、保存された穀物を湿気から守り、風通しをよくして大切な糧を水災害から守るための工夫と知恵です。また、床下の空間を利用してニワトリなどを飼うことで害虫防止にもなり、「一物多用」の生活の知恵がありました。こうした方位に習って建てられている家はあまりありませんが、田中三五郎さんの家の形態はこの典型とも言えるものです。

主屋《オモヤ》の間取りについてみると、部屋はヨッズマイ（田の字型の四つ住まい）と言って間仕切り

田中三五郎さん宅の平面図

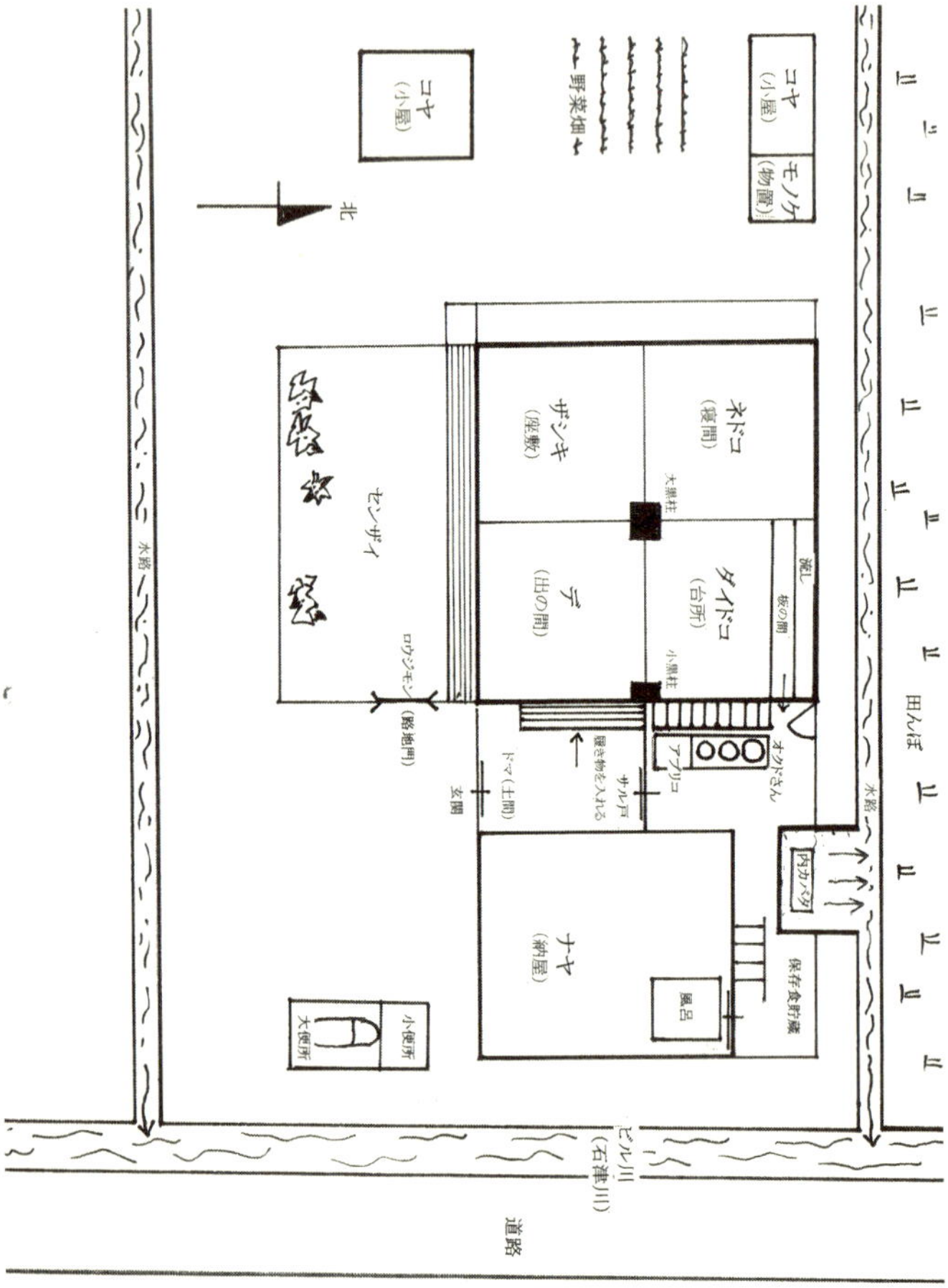

の数が四つあり、デの間、ダイドコ（台所）、座敷、ネドコ（寝間）となっています。デの間は日常の客の応対に使われ、上がりかまち（縁の下には履物を入れる空間があり、上がった客の履物はそっとそこに入れられます。また、そこは日常的な来客時の応対に使われ、ここでお茶などを飲みながら話しています。

土間の先に「サル戸」があり、そこを開けると奥にオクドさん（かまど）とアブリコ（魚を焼くところ）や、すりヌカを入れてサツマイモを保存して置くイモアナや薬小屋があります。オクドさんはだいたい一間（約九〇センチ）に五升釜と三升釜、茶釜の三口があり、「三宝荒神さん」(1)が祀られています。その横にあるのが内カバタです。

三五郎さんの奥さんであるチカ乃さん（八三

床下の空間を利用してニワトリを飼っていた

歳）は、三五郎さんに寄り添って六〇年、隣の在所から嫁いで来ました。小さいころから水の恐さもありがたさも経験してきたチカ乃さんにとって、日常の生活は実家もここもほとんど変わりません。湧き水も豊富で、美味しい水に感謝する暮らしは八三年の経験のなかに蓄積されています。私との雑談のなかで話してくれたのは、言葉の違いに驚いたということでした。

「まあ、苦労はどこでも同じですけど、言葉の違いに戸惑いましたな」

実家では「あんた、そうしておくれ」が、ここでは「わら、そうしとくれ」とか「わら、そうしやんせ」と言い、隣の人のことを「あのごれ」と言ったそうです。これらの言葉が自分の身についたとき、チカ乃さんは「ここの人間になれたな」と思ったそうです。

三五郎さんとチカ乃さんが暮らす家は、そんな記憶を刻みながら、暮らし方の魅力をたくさんつくり出してきたのだと思います。二人が一体となった家の美しさは、ここに住み続けてきたことから生まれたのではないでしょうか。

こんな三五郎さん一家の暮らしは半農半漁でした。早朝、漁に出掛け、朝八時に帰ってきて田んぼへ行き、夕方の五時に農作業を終えてまた漁に出るという忙しい毎日をずっと送ってきたのです。

川漁師である三五郎さんの漁場は、湖岸のヨシ原の水路です。田植えの時期になると、三五郎さんが漁に出ている間にチカ乃さんが一人で田植えができるように、奥さんが植える分だけを三五郎さんは前日の夕方五時までに準備をしておきます。チカ乃さんが手植えする苗は、一線の乱れもない見事なものでした。つい数年前まで、こんな生活が続いていたそうです。

家は、人びとが暮らしはじめたそのときから美しさをつくり出していきます。黒光りした柱や廊下には、長い間にわたってにじみ出た暮らしの魅力があります。それがゆえに、家を守る習俗が今なお根強く生き続けているのだと思い

(1)「荒神さん」とも呼びます。「三宝」とは、仏教系で仏(仏様)・法(教え)・僧(お釈迦様の教えを守る人たち)の神様をさします。荒神さんは、不浄を嫌う神様です。火はすべてを焼き尽くして清浄にすることから「火のある所にいる」と言われ、「かまどの神様」として祀られています。

漁場で「おかず捕り」をする三五郎さん(写真提供:田中三五郎)

ます。

針江に来て、生活の美しさや知恵などといった、素晴らしいものをたくさんもっている民家を見るたびに、「なぜかほっとする」ような不思議な懐かしさを感じます。子どものころ、祖母や母が柱や床を磨き、土間でせわしく働いていた姿を思い出すからでしょう。

生活様式の変化、高度経済成長がもたらした産業構造の変化は農山村の過疎化を促し、このような民家の減少に拍車をかけています。便利で機能的な生活環境を求める現在がゆえに、伝統的な民家には不便な面がたくさんあるでしょう。現代社会から見れば不合理なところも多々ありますが、古さと新しさ、伝統的な面と機能的な面がバランスよく生かされている針江集落の民家に、昭和初期の暮らしぶりを見ることができます。

焼杉塀の民家と異にして、横板をヨロイ張り（板を横に重ねていく）にした建物が所々にありますが、それはかつて全盛をきわめた織物工場の跡です。

農村の近代化によって、針江の民家もまた大きく変化してきました。しかし、「カバタと調和した」針江の暮らしに見る水と人とのかかわりのなかには、苦労を重ね、そこから編み出してきた日常生活の知恵や工夫が見られます。このことは、決して見逃してはならないことです。ゆっくり流れる針江の時間は、私たちにとって過去と現在が行き来する不思議な魅力を刻んでくれるのです。

自然の水と人とのかかわりによって生まれたカバタ文化の恵みと知恵は、集落のもっている力や人のもっている力を引き出し、これまで集落が継承してきた水使いの仕組みを現在に活かそうとする新しい試みとして動き出しました。

針江の人たちは、カバタから湧き出る水を「生水《しょうず》」と呼んでいます。前述したように、二〇〇四（平成一六）年、その生水との信頼関係を取り戻して、古来より守り継がれてきたこの命の水を次世代へ伝えていきたいと、二六人の有志が集まって「針江生水の郷委員会」を結成しました（一二三ページ、六〇ページ参照）。

その後、年々会員数も増加して、現在は七〇人になりました。会員みんなで「合成洗剤の使用をやめよう」、「水をきれいにしよう」という看板を立てたりして、集落の人たちや訪れる人たちにその協力を呼びかけています。自分たちの暮らしを自ら守るために、そしてこれからもここで生きていくために、「あるもの探し」からたくさんの「針江らしい味」をつくり出しています。

お金では買うことのできない「実物経済（物々交換やおすそわけ）」、それは人びとの力であり、足元にある自然の力であり、満たされる心であるということがよくわかります。古風なものが残っているからといって、それは決して「遅れている」ということではありません。それは生活や文化の厚味となって、私たちに豊かさとは何か、変化する文化の意味とは何かを問いかけているのです。

カバタの思い出

田中久美子

子どものころ、壷池に入ってきたザリガニをつかまえてバケツに入れておいたら、卵をかかえ子どもが産まれました。それがとても嬉しかったのを今も思い出します。

台風で、川と端池の境目がわからないほど水かさが増してきたことがありました。翌朝、池にいるコイのほとんどが川に出てしまい、アミで探しに行ったことがありました。

家には洗面所がなかったので、雨や風、とくに雪の日には、寒いなか外カバタに顔を洗いに行くのがとても嫌で、よく母親に「早よ行きなさいよ」と言われたのを覚えています。

カバタは、私にとってはやっぱり友だちのような関係です。

8 針江の水がかり

「ここ針江には、七つの徳がないと在所から在所へは行かれへんという言い伝えがあります」と語る前川たつさんの実家は、NHKドキュメンタリー『映像詩　里山・命めぐる水辺』にも登場した田中三五郎さんの家です。たつさんは、三五郎さんのお姉さんなのです。

七つの徳とは、「さら（新しい）の下駄をはかんでも良い」、「常の服で良い」、「実家へ帰るのにお金もいらん」などと言われているそうですが、現在ではそれを知る人も少なくなり、その意味も定かではありません。「箸のこけたことからすぐわかる（ちょっとしたことでもすぐに伝わる）」という徳もありますが、嫁ぎ先の家の様子は実家にもすぐ届くので、心配はいらないという良い意味に解釈されるのではないでしょうか。また、嫁に出しても娘とは「同じ水でつながっている」という、親子間の安心感が一番の徳だったと思われます。

暮らしの文化の良さをほんの少しでも次世代に伝えていくことが、水と人とのかかわりにあるさまざまな意識を深めていくことになります。それを実践している針江の人たちは、京都精華大学の学生さんたちを受け入れて、二〇〇三年から三年間にわたって湖西地域の「森・里・湖ミュージアム構想」の一環として行った針江での二泊三日のフィールドワークに協力してくれました。

参加した若い学生さんたちは、なぜカバタがここにあって、それを大切に使っているのか、その意味が理解できないまま、何となく新しいものに出合ったという感覚で古い心を求めるようになりました。水へのロマンを追いかけるといった学びによって得られた針江の人たちと水との出会いは、そこで暮らしてきた人たちの価値観や歴史をたどるという貴重な「あるもの探し」になったようです。

若者たちの視線の先にあったのは、カバタを通してつながっているたくさんのモノの存在でした。水路、竹、樽、郷土料理、お地蔵さん、田舟、焼き板、ヨシ、コイなど、水と深くかかわる暮らしに映る針江の生活風景でした。それらがどのように暮らしと結び付いているのかという疑問が好奇心に変わり、それがゆえに調査がさらに掘り下げられて、一つ一つの謎解きがはじまっ

七つの徳について語ってくれた
前川たつさん

たのです。

若者の多くが魅了されたのは、「家に帰って水道の蛇口をひねったとき、家の水はお湯のようにぬるかった」、「自然と人の結び付きがすごいと思った」、「お米がこんなに美味しいと思わなかった」、「水に対する意識が私たちと違った」といった、今まで自分たちが深く考えてもみなかった自然に寄り添った暮らしのなかにある技や知恵だったのです。

見て驚き、聞いて納得し、なぜと問いかけながら理解していくことは、歴史的な生活の現場から見える個性とも言える水と人とのかかわりをたどり直すきっかけとなったようです。針江に暮らす人たちの日常性から水の大切さを知り、琵琶湖の水は、世界の水はといった、水をめぐる環境問題を考える一歩となったのです。

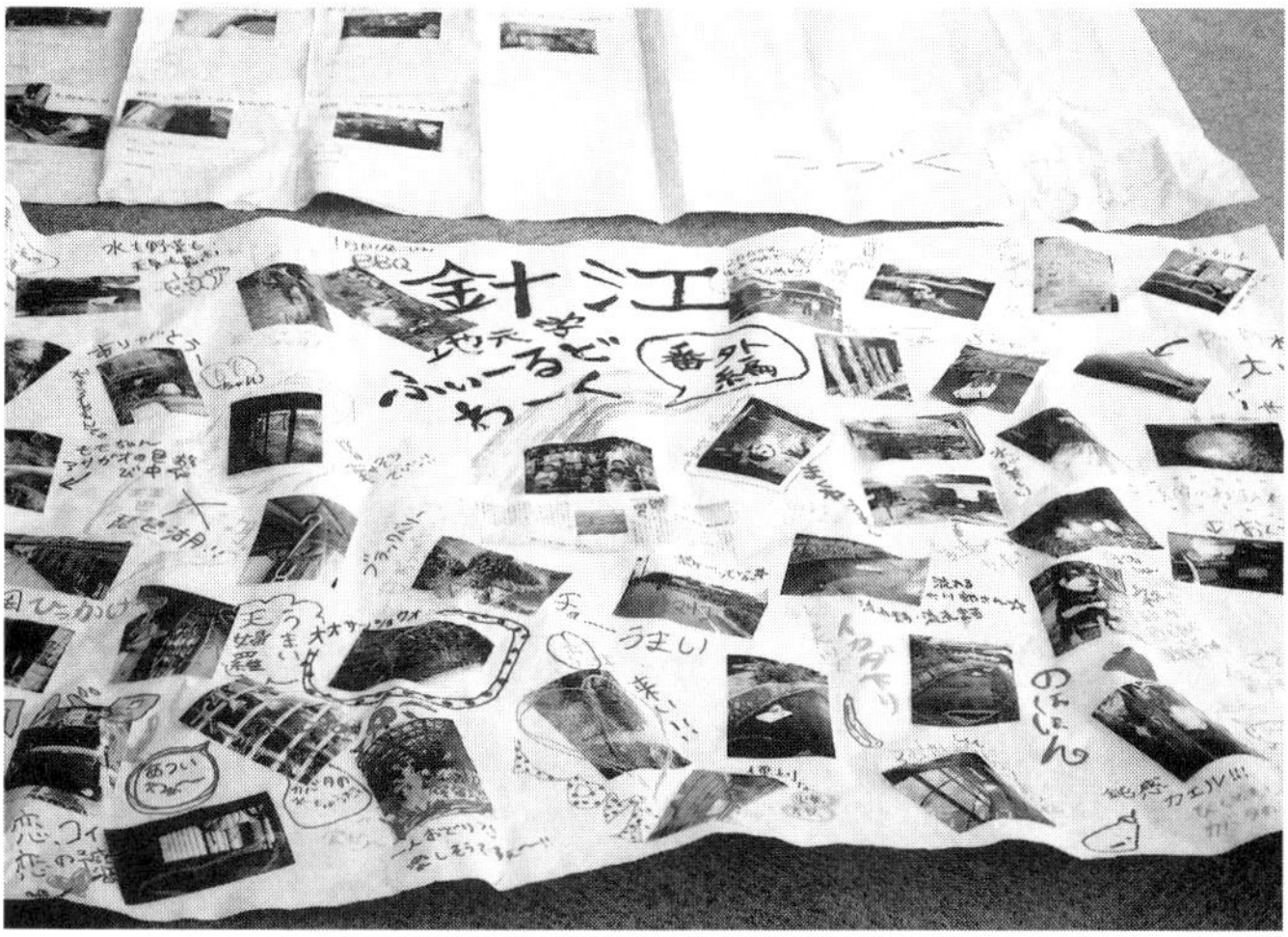

フィールドワークで作成した針江のマップ写真

昭和三〇年代から五〇年代の針江の暮らしを見ると、農業と漁業を生業にしながら副業として織物も盛んに行われてきました。集落のあちこちで「ガチャン、ガチャン」と機織りの音がして、それは賑やかだったそうです。

福田千代子さんの家では、撚糸を用いた綿重布や帆布などの織物を主とした工場を営み、朝五時から夜一〇時まで休むことなく機械が回り続けていました。「機をガチャンと織れば、それがすぐにお金になるほどの勢いでしたよ。ここらでは『ガチャマン時代』と言ってました」と、寝る間も惜しんで働いた全盛期を千代子さんは振り返っています。今は物置になってしまっていますが、当時の工場が残されている所も数多くあります。

原糸の手当てから市場開拓までは、問屋が介

今も残る織物工場

在して行われていました。しかし、これまでの需要が国内から国外へ、主にアジアへの需要が高まってくるとその規模は大型化していき、設備の近代化を図りながら競争力も強化されていきました。その結果、これまでは家内工業だったものがまとめられて工場化してしまい、安定的な市場の確保と人件費の削減が行われただけでなく、各家で使っていた機械が買い上げられたために廃業する人が続きました。現在、大型工場以外に家内労働的なところも少し残っていますが、昭和四〇年代後半まで続いた全盛は終わりを告げました。

現在の針江集落の生業は、世帯数の七割ほどが会社などへ勤務するサラリーマンに変わりました。飯米分だけは土・日を利用して耕作したり漁業（河川・湖上）をするほか、商業や自営業を行うなかで時代の流れは確実に都会化へと移り変わってきました。

そんななか、「百姓に未来はないと人は言うけれど、いいじゃないの自分でつくれば」と言う石津文雄さんは、食と農を明日へつなぐ「安心、安全の米づくり」を行っています。近江商人の「三方よし」（売り手よし、買い手よし、世間よし）の理念を農に活かし、「生活者の安心・農家の安心・生き物の安心」を取り入れて、生き物と共生する有機農法を実践しています。

その石津さんに、最近とても嬉しい出来事がありました。これまで農業に背を向けて都会に出ていっていた息子さんが帰ってきて、親子二代の農業が実現したのです。仕事のバトンタッチをしながら、少しずつ子どもに受け継いでもらうための段取りをはじめています。

石津さんが米づくりに利用している魚のほうに目を向けてみましょう。琵琶湖に棲むほとんどの魚類たちの産卵は、湖岸の内湖や水田など、人間の暮らしに近い領域で行われています。成魚になると沖合いで過ごす魚たちも、産卵期や稚魚のときは内湖《ないこ》や河川、水田などの陸域近くに生息しているのです。水と陸を行き来しながら、魚たちは人びとの暮らしの文化と深くかかわっていたのです。琵琶湖博物館の前畑政善さんは、このような魚の行動の理由を「水温が高く」、「エサが多く」、「稚魚の隠れ場所が多い」からと分析しています。

下流域への安定的な水資源の確保を目的とした琵琶湖総合開発（一二ページ参照）は、これまでの水陸一体の様式を水と陸に分離するという政策のもと、湖の水位を人為的に管理して湖辺《こへん》が水害に見舞われないようにしましたが、魚たちにとっては生態系が切断されるという致命的な影響を受けることになったのです。

石津さんは、自身の田んぼのほかにも集落の田んぼを預かり、水稲を中心に大豆、小麦などの無農薬栽培を手がけています。大豆の屑や米ぬかに水を配合し、ペレット状にしたものを除草剤として使用し、大川掃除で出た藻や米ぬか、レンゲの緑肥を堆肥にして土に力を与えるという昔ながらの農法に挑戦しています。フナやナマズを育む「生き物田んぼ」を取り戻そうと魚道も設置し、「ゆりかご水田プロジェクト」に力を注いでいます。そして、三方よしの理念は、堆肥、

生きものの恵み

石津文雄さん

石津さんは、生き物と共生できる田んぼの再生をめざし、田んぼ一枚をビオトープ*にしています。川から魚が上がれるように魚道*を設置し、その田んぼで四季折々のさまざまな生き物観察調査を行っています。見て、聞いて、納得して……という方は「百聞は一見にしかず」、是非、田んぼ見学をおすすめします。

（*）生物が棲みやすいように整えられた環境のことで、生物群集の生息空間をいう。
（*）魚の遡行が妨げられる箇所で、遡行を助けるために川に設ける工作物。

「針江のんきぃふぁーむ」
住所：高島市新旭町針江417－1
電話：0740－20－5067
http://www.nonkifarm.com

「針江げんき米」の田んぼ

除草剤にこだわりながら針江のブランド有機米を生み出し、「針江元気米」という名称のもと広く生活者に提供されています。

かつて自分がそうであったように、「いつか、子どもたちが田んぼに生き物を追いかけて日が暮れる」という光景を浮かべながら、試行錯誤、研究に余念のない石津さんが語る夢は、どんどん未来に向かって走り続けています。そして、「ぼやきとか嘆きを工夫と努力に変えて」と語る顔には、いつもやさしい微笑みがありました。田んぼにたくさんの生き物が戻りつつある現在、石津さんが書きつづる「農業観察日記」は新しい発見でいっぱいです。

こんな針江の環境のなかで、漁に励んでいるのが先ほど紹介した田中三五郎さんです。三五郎さんが行っている漁は、主にギンギ（ギギ）捕りと

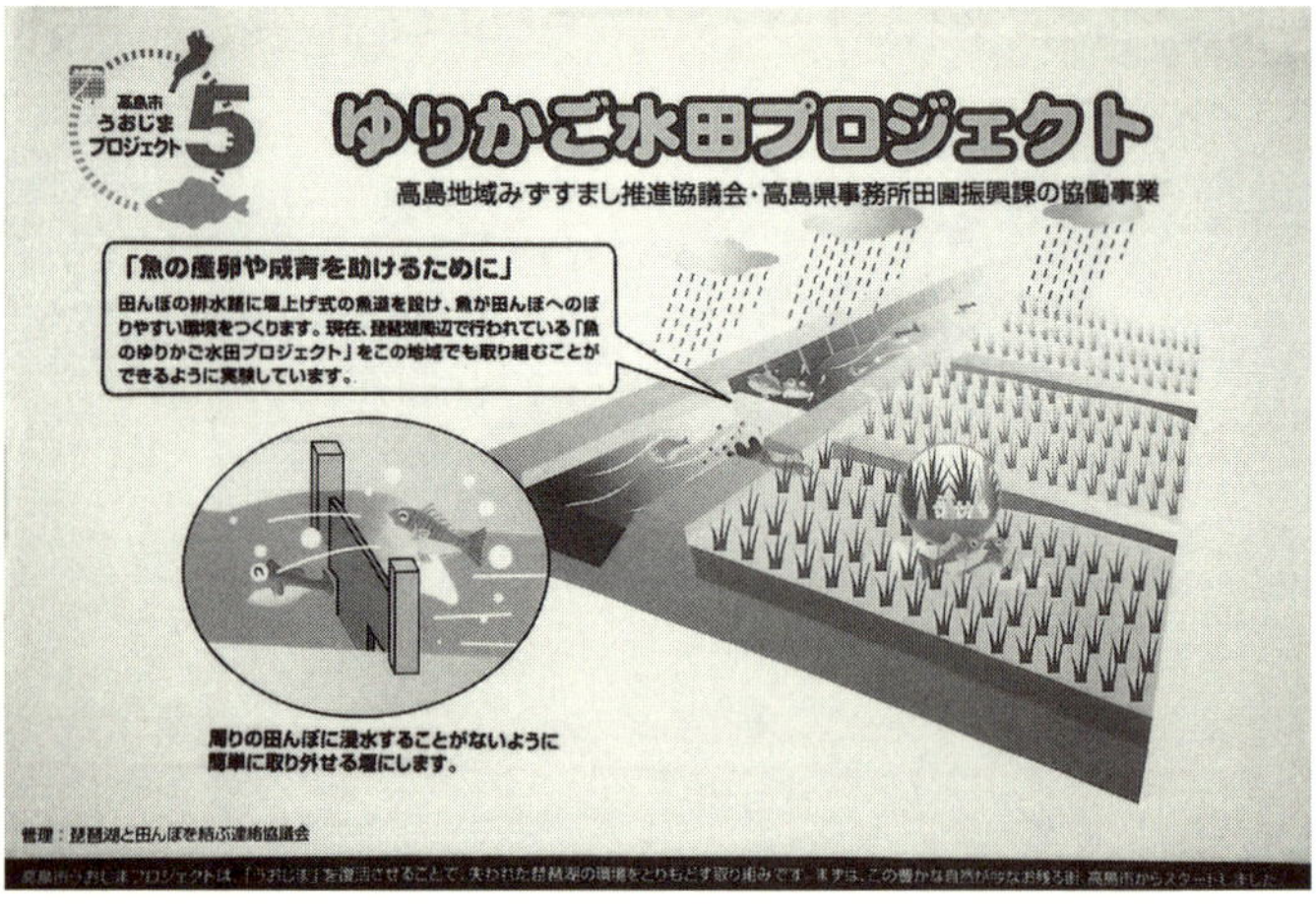

生きものと人が共生できる農業・農村の創造を目指す取り組み

モンドリ(1)で、フナやコイ、ニゴロブナ、ドジョウなどを捕るという「おかず捕り」です。田んぼと湖、川を行き来しながら一日が終わるという毎日を過ごす三五郎さんの目は、ものの道理を熟知しており、自然とのやり取りのなかで生まれた勘に満ちています（七五ページの写真参照）。

このように農業と深く結び付いた魚捕から生まれる食も、針江ならではの生活文化の厚味を感じるところです。地元で生まれる新鮮な食材は、決して派手さはありませんが、この地の文化の一つとして世代から世代へと伝承されてきた「こっくりとした深い味わい」を秘めています。畑仕事の帰りに仕掛けに入った魚を捕ってカバタに入れ、食卓のオカズに一品を添えるというのが日常です。これが「おかず捕り」と言われるもので、「待ちの漁法」なのです。

一年中、さまざまな魚がいろいろな方法で捕れます。そのため、針江の田舎料理には魚を使ったものがたくさんあります。それらのいくつかを紹介しましょう。

(1) コイやフナを捕るための網製の無餌筌・細い割り竹を編んで筒様または底無し徳利のようにつくり、水中に装置して魚が入りやすく、出にくくしたもの。

モンドリを手にして「おかず捕り」に出掛ける三五郎さん（写真提供：田中三五郎）

「イサザのジュンジュン」という料理があるのですが、これははイサザを使ったすき焼きのことで、ウナギを使ったすき焼きは「ウナギのジュンジュン」と言います。そして「フナの煮付け」、とくに子持ちのフナは絶品です。「こまぶし」は、コイを刺身にして水気をよく切っておいたところにフナの卵をまぶしてドロズ（酢味噌）につけて食べるのですが、その歯ごたえはたまりません。「ドンガネ」はフナの稚魚を骨ごと切った刺身のことですが、言うまでもなくカルシウム満点の健康食です。

「アメノイオご飯」もまた針江のご馳走です。三枚に下ろしたアメノイオ（アメノウオ）を骨といっしょに湯がき、その湯がき汁でご飯を炊くのです。臭い消しとして山椒の葉を入れ、炊きあがったら魚をほぐしてご飯をかき混ぜるとできあがりです。そして、最後に「ビワマスのチャンチャン焼き」ですが、これはお味噌でたっぷりの野菜といっしょにビワマスをホイル焼きしたものです。

これらの魚を使った料理は、魚をさばくことからはじまります。針江の女性たちのその手さばきは魚屋さん顔負けで、「見事」としか言いようがありません。見事な手さばきでつくられたこれらの料理、針江に行って食べたくなりませんか。地域色が出ているこうした料理の数々、この地ならではの自然の恵みを鉢につめて、その「おかげさま」をハレの日やケの日にいただいたのではないでしょうか。

それでは以下で、琵琶湖の幸と美味しいお米を主役にした、針江の主な田舎料理を具体的に紹介していきましょう。

①弔事の食事

現在では料理屋さんでの会食ということも多くなったようですが、昔はモノが腐りにくい涼しいときを選んで法事を行っていたそうです。

前日から倉にある食器や膳を出し、親戚が集まっておかずの準備にかかります。遅くまで準備を手伝ってくれる人たちへの夜食は「ショイ(醤油)めし」です。家で採れた野菜を具にして、醤油で炊くご飯のことです。

当日は、前日から準備しておいた材料で段取りよく調理にかかっていきます。品目としては、喜びも悲しみもともにということから、まず「赤飯」をつくります。そして、「ヒラ」と呼ばれる油揚げの一枚煮をお椀に盛り、「煮しめ」にはそのときに畑で採れた野菜

白和えをつくる針江生水の郷委員会の女性たち

（ダイコン、ニンジン、サトイモなど）を使います。そのほかに「白和え」、「金時豆」、「えび豆」などが並びますが、豆は子宝に恵まれ、健康で耕作に専念し、たくさんの収穫を上げるということから、亡き人を送り、新しい命の誕生を願うという意味が込められています。

お漬物も紹介しましょう。キュウリを塩漬けにしておいたものを小口に切ってカバタの水のなかに浸けてケダシ（塩抜き）した「きゅうちゃん漬け」や、ナスを塩漬けにしておいたものをカラシで和えた「なすびの辛し和え」、そのほかにも、カバタ小屋に保存しておいた塩漬けの野菜（タケノコ、ワラビなど）などを必要に応じて取り出して、その場その場にあったものを出すという工夫をしています。

法事が終わったあとの片付けも女性の仕事です。前日、当日、後日と、この三日間は大忙しです。料理屋さんで行う会食（法事）はこうした女性たちの手間を省くことになるのですが、これらの役割を通して得られるコミュニケーションには、ほかには代えられない近所同士の付きあいや助けあいを深めるといった大切な意味があるのです。

②慶事の食事

めでたいことの代表と言えば結婚式でしょう。嫁入り道具などを新居に納める荷受《にうけ》は先に済ませますが、挙式から近所、友だち呼び（招待客の段取り）までをすべて家で行っていたころは、やはり三日ほどかかっていたそうです。

当日、近所の人たちもお祝いに駆けつけ、庭先から挙式の様子を見守ります。このときには、近所の人たちに「エビの甘辛煮」とお酒を振る舞います。そして宴席では、子持ちが最高に美味しく、子孫繁栄ということから「フナの煮付け」が膳に上がり、中に入れる具のほとんどが地元で採れた野菜という「五目ずし」などが並びます。また、少し先になりますが、出産の祝いの際にはお乳がよく出るようにと「フナの味噌汁」を持っていきます。

「①弔事の食事」のところでも述べたように、さまざまな漬物も欠かせない一品となります。漬物は「カバタの主役」と言われるほど豊富で、どこの家でも年中カバタ小屋の傍に大きな漬物樽が置かれています。かつては、それに並んで滋賀名産の「フナずし」の樽もありましたが、今では貴重種となったニゴロブナは誰もが手に入れられる魚ではなくなりました。それでは、このフナずしがどういうものかを紹介しましょう。

③フナずし

琵琶湖の食の代表ともいえる「フナずし」は「ナレずし」の一種で、その起源地は東南アジアと言われています。

二〇〇三年から二〇〇四年にかけて、「子どもと川とまちのフォーラム」（三六ページ参照）のメンバーといっしょに私は、メコン河流域の洪水調査を目的としてカンボジアのトンレサップ湖に暮らす水上生活者の聞き取りをしました。そのときに食べた「プラホック」という魚は、フナやコイなどの稚魚と同じく魚体を残したまま塩に漬け込んだり、臼《うす》などで潰してからペースト状にして漬け込むという方法で調理されていました。また、副食物としてスープなどに入れたり、野菜や肉といっしょに炒めたりとさまざまな調理方法があり、調味料の「魚醤《ぎょしょう》」として貴重な脇役の味を出しています。

甘酸っぱい、少し不快な臭いがする魚醤をさらに発酵させると、旨み成分のグルタミン酸をたっぷり含んだ上澄み液が上がってきます。その上澄み液を取り出したのが魚醤油です。トンレサップ湖と太陽の恵みの産物、この食の文化

トンレサップ湖の湖上生活

に触れたときに琵琶湖水系に代表されるフナずしを思い出しました。

トンレサップ湖は琵琶湖の二倍ほどの大きさで、その周囲には水田が開けています。乾季で水位が低下するころになると湖の魚が集中してくるため、陸地と行き来ができるように運河をつくって湖上生活（水上村）がはじまります。大きな魚だけを捕り、小さい魚は種を保存するために捕獲しない。常に絶対量を維持するための、漁師の「わきまえ」は水上村の約束事となっているのです。

かつて、琵琶湖辺に暮らす人たちもそうであったように、鍋釜から洗たく、洗面、飲み水まで湖水を利用しています。床板に四角い穴を開け、トイレもそこから直接湖へ流し込みます。生活用水は言うまでもなく、生活排水から汚物までを湖に流し、集まってきた魚たちがそれを食べるという合理的なリサイクルが湖のなかで行われているのです。そして、水位が上がる雨季には、湖の豊栄養が平野部の農地に豊かな水となって流れ込み、肥料を使わない稲作を可能にしています。

米と魚と人の密接なかかわりと季節変動に対応した食の保存が、ナレずしを生み出したと言えるでしょう。

さて、フナずしの原料は、先にも言いましたようにニゴロブナです。四月の終わりころから六月にかけて、メスが卵をもつ時期にニゴロブナを手に入れ、腹を開けずにはらわたを口や鰓《えら》のところから除去します。それを洗って塩漬けにし、三か月ほどおいてから再びよく洗って少し硬めに炊いたご飯を腹と鰓に詰め、それを樽にしいたご飯の上に並べてまたご飯と交互にしいて並べてからフタをして発酵させます。

それぞれの家庭で好みの味に仕上げ、早ければ秋が深まったころに食べられるようになりますが、一年もの、二年ものとなると味にも深みが増してくるようです。

④こだわり豆腐

地元で豆腐店を営んでいる上原忠雄さんは、湧き水を使って豆腐をつくっています。そして、その一〇〇年にわたる豆腐づくりの歴史に誇り

カバタの湧き水を使ってつくられる豆腐

をもっています。

にがりを使った少し堅めの、大きな木綿豆腐の懐かしい匂いと快い食感は、子どものころ母といっしょに町へ行き、大豆と交換して食べた豆腐の美味しさを思い出させてくれます。

この美味しい豆腐が食べたくなって店に行っても、「今日はもう売り切れた」と言われることが多く、一日に八〇丁しかつくらない限定のこだわり豆腐はなかなか買い求めることができません。運よくカバタの水にさらされている豆腐に出合うと、家まで待ちきれずにそこで立ち食いをしてしまいます。ご夫婦だけでやっていた店に、最近、娘さんが加わりました。一丁一七〇円で食べ応え十分の豆腐づくりの伝統が、一〇〇年を超えて今、引き継がれていくという期待が膨らみます。


元気な大地と生きた水からつくられる針江の食べ物の数々、そのすべてがそこに生きている生活環境と結び付いています。針江の料理には針江の湧き水が一番です。ここでいただく食べ物は、楽しむための食事というより、その「おかげ」を受けていただくという生きるための食事のように思えます。自然と人が溶けあう自然環境と伝統が維持された当たり前の暮らしのなかにある食文化は、悠久の営みを重ねるカバタから生まれているのです。

自然とともにある里山に生きる人びとの暮らし、圧倒的な存在感を示すカバタ、そして移りゆく季節を追いながら古来からの伝統が受け継がれてきたこの地で生の暮らしのありさまを見ることで、忘れかけている風土の文化を見つめ直すことができるように思います。

カバタつれづれ

カバタ物語

福田千代子

ずーっと昔、針江の村にはどの家にもカバタがありました。顔が洗えるほど美しい水が川を流れ、船着場には木の船がたくさん停まっていて、その船で琵琶湖へ漁に出かけたり、泳ぎに行ったりもしました。またそこで、カラス貝やシジミをいっぱい捕ることができました。「カバタには水神様がいやはるんや。壷池を汚したらあかん。川でオシッコしたりするとガワタロウ（川の守り神）が怒るぞ」と、おじいちゃんがいつも話してくれたことを昨日のことのように思い出します。

カバタから溢れ出た湧き水は、すべて家の側の水路を通って琵琶湖へと流れていきます。上流の者は下流の者へ気遣ってきれいな水を流すという努力は、昔から当たり前のように行ってきた水への思いです。「おかげさま」を忘れず、ずっとずっと守り続けてきた水です。人間にとって、なくてはならない大切な水。針江にとってカバタは、先人が残してくれた財産だと思います。これからも守り続けていくことが、私たちの役目だと思っています。

9 風のうつろい、四季のいろどり

カバタに名残の雪をのせ、春を待ちわびながら流れる川。カバタに憩う野菜たちがおもてなしに涼一味を添えてくれる夏。耳を澄ませば水の音が心地よい秋。晩秋から初冬にかけて、上空では晴れているのになぜかそぞろ寒いなか、行く秋を惜しむように主を待つカバタに落ちる通り雨。この「高島しぐれ」は、この地特有の季節感を味わうことができます。暮らしに添い、時代に添い、人に添い、四季折々に違う風情を見せてくれるカバタのある風景は、私たちの五感を揺り起こし、風の移ろいに巡りくる季節を届けてくれます。

どこまで行っても山と田んぼ、そして琵琶湖へと続くこの風景は、湖西の奥深い魅力となって地域の顔づくりを豊かにしています。この壮大な環境は、大きなキャンバスに描かれていく自然の恵みに寄り添った生活文化そのものです。針江集落の人たちは、今、山と里がつながって琵琶湖へと広がるこの風景の価値を発信しています。

私が針江に通うようになって八年になりますが、ここに来るといつもほっとします。人を包み込んでくれるような安心感は、針江の風情にありました。生活の風景には「風」があります。風があるから命が育ちます。渡る風は奥深い山間を抜け、水の命を加えて針江の里に下りてきます。農地の土と農産物の気を取り込んだ風は、里に命のつながりをもたらしてくれます。

命を育む営みの風景は、風が見える景色をつくりだします。その景色は、暮らしの風であり、人と人が行き交う風であり、命が育まれる風であり、子どもが元気に遊ぶ風であり、路地やカバタに人が寄り添う風であり、それらがみんな「風通しのよい環境」をつくっています。

里山に生きる人たちが暮らす場所は、隅々までていねいに人の手と心が届いています。この美しい風景は、針江に生きる人たちの命の営みの風景なのです。こんな針江の、一年の様子を見ていきましょう。

春どなり

外は寒の最中でも、カバタからは湯気が上がってきます。一年を通して一二～一三度の水温を保つカバタの水は、とりわけ温かく、うれしく感じられます。

凍りつくような寒さと頼りなさそうな陽射しのなかで、草花たちは体をすくめ、すっかり葉を落とした木々たちは、春の芽吹きの準備を整えて深い眠りに入っているかのように静まりかえっています。陽射しを探して干された洗たく物は、辺りが暗くなるころには軒下に場所を変えますがそのままです。この季節は、やはりどことなく寂しく、ひっそりと感じられます。それでも、年が明けて正月となると、どこからともなく人の声が集まってきます。

自治会の役員が技を持ち寄ってつくった門松に迎えられて、年賀式（元旦の朝を祝う式典のこと。元朝祭）が行われます。正月の公民館は、地区の人たちでいっぱいです。その年に六〇歳を迎える人たちが抽選を行い、当たった人は、代表で壇上に供えられたお神酒《みき》をいただいて「厄除け」、「健康」、「五穀豊穣」、そして「一年の平安」を祈願します。

最後に、みんなで「今年もよろしくお願いします」と唱和し、今年も無事に一年の行事が送られますようにという協働の確認をして新年の挨拶が終わります。このあと、檀家となっている人たちは正傳寺にお参りをし、ここで住職からお説教をいただくことが新年の習わしになっています。

ほとんどの家では、正月には鏡餅、お神酒、お花、ご飯、お光り（ロウソク・灯明）をカバタにお供えし、一年の初めと一日のはじまりが重なる朝のカバタの水（若水）を汲んで「三宝荒神」にお供えし、お雑煮で新年を祝います。

新しい年になって初めて汲まれた若水には神の命が宿る、と言われています。カバタに暮らす人たちが通いあわせる新年の心の絆は、豊かな自然の恵みと尽きることのない湧き出る水に感謝し、魂の再生を願い、畏敬を捧げる大切な水神さんとのやり取りではじまるのです。

「湧き水は先祖様からの贈り物です。水、命の大切さを子や孫に伝えたいです。針江に生まれ、育てられ、ここに住むことができることに感謝してますわ」と、前田きぬ子さんはカバタへの感謝を込めて新しい年を祝っています。

また、福田邦明さんは「今はもうしてませんが、正月には腰に扇子を挿してカバタの水を汲みに出たもんです。それは徳を汲むからです」と言っていましたが、「徳を汲む」という思いは今も変わりません。

福田さんの家には、かつて葦屋根の主屋《オモヤ》に内カバタがあったのですが、建て替えによって家

前田きぬ子さんのカバタ

の位置が変わり、現在は取り残されたようになっています。しかし、「水がきれいで、安心して利用できます。やっぱりカバタは家の主役ですから」と言って、新しい家にも鉄管を通して水を取り込み、「昔ながらの伝統を大切にするとともに、子どもたちにも水の大切さを伝えていきたい」と話してくれました。

カバタが暮らしの原点であるということは、針江集落の人たちの新年に込められたそれぞれの想いに見て取ることができます。

カバタつれづれ

わが家のカバタ史

山川　悟

土間の西に、ガチャンポンプが付いた内カバタがありました。一九五三（昭和二八年）の水害のあと、父と叔父がセメントを使って元池を造り、細長い長方形の板で蓋をしていました。左前の壷池は飲料水用で、右前の壷池は食器洗いの場所として利用し、四〇センチメートル下の端池へ生水《しょうず》が流れるカバタに変わりました。今から考えると立派な石積みではありませんでしたが、豊富な水をふんだんに使える素晴らしいカバタでした。

小学校時代は、コイのいる端池に中島で捕った大きなカラスガイを二個入れておいて、真珠ができることを夢見たりしていました。そして、針江大川で捕れたビワマス（アミノゴ）

は、おくどさんの飯釜の上で、こうも簡単に骨と身がパラパラと離れるものかと感心したものです。

一九六七（昭和四二年）の新築のとき、ひさしを造ってそのままカバタを残しました。手づくりのひさしは数年で雨漏りがするようになり、一九七四年に西の石垣を造った時点でカバタはなくなり、元池からホームポンプで生水《しょうず》を蛇口に出るようにしました。

一九八五年にダイニングキッチン兼リビングを東に造ったときも、さらに一九九八（平成一〇年）に家を新築したときも、上水道と生水の二種類のパイプで蛇口をつくりました。

二〇〇四年、針江生水の郷委員会が結成されたあと、兄弟や家族の理解もあり、その年の六月に念願の外カバタをつくることができました。非常用ではありますが、ガチャンポンプを再び付けたのは、昔のカバタのイメージがどこかで思い出として残っていたからです。二〇〇九年現在も一九五三年当時の元池は変わらず、飲料水や風呂水などに利用しています。


一月二〇日、「タナカミさん」というオコナイ（神事）があります。「オコナイ」とは、一年の豊穣を願い、感謝する稲作文化に根づいた儀礼です。

とくに祠《ほこら》はありませんが、各家の倉が祠になります。針江では、一般に、山の神はオンナで田の神はオトコとされています。これについて、田中三五郎さんの話を聞いてみましょう。

「昔、山の神さんと田の神さんがおってな。田の神さんは男前で、山の神さんは面どくさい（ブス）。あるとき、山の神さんがこの男前に一目ぼれして結婚を迫ったんや。男前の田の神さんは結婚を嫌がって逃げていたら、山の神さんは『そんなに嫌がるのなら田植えがはじまっても水はやらん』と言い、『それは困る』と思った田の神さんはしぶしぶ結婚を承知したんや。田の神さんは一月二〇日に里に降りてきて、一一月三〇日にまた山へ帰っていくんや。二か月ほどだけ山の神さんといっしょに暮らすんやが、まあ別居して暮らすことが多いということやな」

三五郎さんのお家では、一月二〇日になると田の神さんに「少しでも早よ山から降りてきておくれ」と、朝早くから一升マスにきなこのおはぎ三個とあんこのおはぎ三個を入れ、お神酒、大根二本を「モミドオシ」という大きめの篩《ふるい》に盛って、三五郎さんが漁場としている水辺でとってきた柳でつくった箸（四分は皮つきのまま、六分は皮を剥いで）を添えて家の倉にお供えし

「タナカミさん」のお供え
（写真提供：田中三五郎）

ます。そして、一一月三〇日になると、少しでも里にいてほしいので「ゆっくり山へ帰っておくれ」と、惜しむようにできるだけ遅く、同じお供え物をして送り出すそうです。

一月と一一月に行われるこの「オコナイ」では、おはぎのほかに魚も供えますが、春(一月)はダシジャコやゴマメなど大海のものを焼いて供え、秋(一一月)のときは、琵琶湖の魚であるハヤやボテジャコを、少し水を入れた皿に寝かすようにして生きたままお供えします。このときお供えした魚は、翌日、琵琶湖に逃がしてあげるそうです。

ところで、三五郎さんが柳箸にこだわるのには意味がありました。それは、神事や正月、祝儀などには邪気をはらう清浄な白木の柳を箸に使い、柳と屋内喜《やなぎ》(家のものが明るく暮らせるようにと祈りを込めて)の語呂をあわせているのだそうです。

山を見て土を耕し、漁をする。山と川と湖の水を媒体としたシステムの流れのなかで生活し、文化を育んでいることを誰よりも知っている三五郎さんの神々への畏敬が伝わってきます。そして、一月の針江集落が、田の神、山の神、水の神(日吉神社)、火の神(秋葉神社・愛宕神社)に見守られた神聖な領域となっていることがよくわかる風習です。しかし、このような儀礼も専業農家が少なくなった現在は、三五郎さんのほかには田中義孝さんが、田の神さんが山へ帰っていく一一月三〇日に一年の感謝を込めてお供えをし、正月にはモノケ(物置き)にお鏡さんをお供えしているぐらいとなりました。

「タナカミさん」のころは、寒さも一段と厳しくなってきて、家にこもって暖をとることが多くなります。夜空が晴れて冷え込んでくると、しんしんと聞こえてきそうな霜夜に変わり、朝になると美しい雪色に変わります。冬の一番奥に来たような、凍りつくような寒い日がしばらく続きます。

刈り田に薄く張りつめる氷、寒さの極限にあってもお地蔵さんは田んぼを守っています。地蔵菩薩には農民を助けて無事に引水させるという説話があり、針江の田んぼ周辺の水路にはたくさんのお地蔵さんが祀られています。路地をのぞくと、残されたままの雪が覆い重なるように春の鼓動を待ちわびています。屋根に積もった雪が滴り落ちるその瞬間に、きれいな氷柱が軒下にできることもあります。

しかし、そんな寒さのなかでも、カバタだけは人の行き来が絶えません。寒気が頬をさすなか、とりたてて何をするわけではないのにカバタにやって来て、そっと手を入れるおばあちゃんに出会いました。

「昔は、火も今ほどあらへんし。冬はカバタが温かくて助かりましたわ。手がかじかんだら、壷池に浸けてよお治したもんです。カバタから湯気が上がっていて、心もあったまりました」と、水田スエノさんは語りはじめました。

スエノさんの実家の村では井戸が少なく、あったとしても金気《かなけ》が強いために水には苦労していたようです。ここに嫁いで来たとき、コンコンと湧き出る水に驚いたそうです。

「ここは、水がたくさんあってありがたいですわ。水はどれだけ大切なものか。昔は家の中へカバタから水を汲んで運びました。その往復で下駄がよう減ったなあ。嫁いで来て、いつもカバタが傍にいてくれたので、火鉢にあたることすらありませんでした。カバタは私が生きているかぎり使い続けます。この水のありがたさを長男に伝えたいが……」と次の代のことを心配する水田さんの言葉は、語るほどに声が弱くなっていきました。

水田さんのカバタ利用は、飲み水、野菜洗いから苗箱洗い、農機具洗い、そして畑の水やりから庭の水やりと多様です。一月一日にはカバタにお神酒《みき》を供えて水神さんへのお礼をし、毎年お正月には塩でお清めをして若水を汲み、家内安全と健康を祈願することが習慣になっているそうです。カバタの周りは苔がむし、緑が生き生きと光を放っていて、そこはまさに聖域のようです。水田さんの思い出と感謝でいっぱいの冬のカバタ、その清々しい水に心が洗われるようです。

後日、「カバタつれづれ　あたりまえのすごさ」（一〇九ページ掲載）を寄せてくれた男性が、水田さんの息子さんである正彦さんとわかりました。どうやら、カバタはしっかりと世代をつないでいるようです。

「寒い、寒い」と言いながら、足早に用をすませて家に帰っていく毎日でも、自然の大地は着実に春への歩みを続けています。日なたで受ける太陽の恵みとカバタの温もりに、感謝と愛おしさが感じられます。風に舞う白い花から厳しい寒さを越えてじっと待つ春どなり、百花より一足早く「春告草」がゆっくりと里にやって来ます。花を楽しみ、心地よい香りを味わい、今年一番の花の到来を教えてくれるのがウメの花です。小さなウメの木が、こころ華やぐ春の香りといろどりをカバタに映しています。そして、人と人が行き交い、隣と隣が寄り添う隙間から、そっと春の幼い鼓動が聞こえてきます。

長い冬の眠りからさめたように春の兆しがようやく肌に感じるころになると、集落はほのかな花の香り包まれます。湿潤《しつじゅん》な土地に絨毯を敷き詰めたような菜の花畑には、春を求めてたくさんの虫たちがやって来ます。湖岸の針江浜

水田さんの〈冬はぬくもりのカバタ〉

に咲く黄色いノウルシの花も、集落の賑わいに仲間入りです。

　針江の人たちは本当に花が好きです。家々の庭、路地、水辺と、色鮮やかな花色が集落を飾っています。しかし、単に花が好きなだけではないということが集落を歩いていてわかりました。先ほども述べたように、針江にはお地蔵さんがたくさんあります。そのお地蔵さんには、いつもきれいな花が供えられているのです。もちろん、丹精込めて育てた花をカバタにもお供えして、ささやかな、精いっぱいの「感謝の気持ち」を表しているのです。

集落に点在するお地蔵さん

　いつぞやか訪れた村でも同じような光景を目にしました。世界でも珍しい、淡水湖（琵琶湖）のなかに人が住むという村「沖島」です。遠くからこの島を眺めると観音様が寝ている姿に見えることから「神の島」と呼ばれてきました。
　個数一四〇戸、五〇〇人ほどが暮らす沖島の生業は、漁業と島内のわずかな畑、そして対岸にある耕作田を利用した農業です。どこの家にも、一体から二体のお地蔵さんが祀られています。村の人が、「家に花があるといつでもお供えできるからな」と話していたのをふと思い出しました。漁場での安全と自然の恵みへの思いを、お地蔵さんに祈願しているのでしょう。花を育てる心には、思いやりと感謝の心が育っていくようです。

カバタつれづれ　あたりまえのすごさ

水田正彦

私は五〇年間、水のありがたさに気づかず生活をしてきたような気がします。冬の温かい水があたりまえ、夏の冷たい水があたりまえ。四季折々にわが家の水は恵みを与えてくれていたことを、今さらながらに感じさせてくれるのが針江の生水《しょうず》です。農作業を終えた機械を洗うのも、車を洗うのも、野菜を洗うのも生水があたりまえ。冬には雪も融かしてくれる。わが家の生活は、生水がなければ成り立たないことに気づきました。

転勤が理由で大阪、京都での生活が長かったせいもあり、都会の水と針江の水の違いを鮮明に感じることができました。意識をしないで生活をすると水は汚れてしまう。それは仕方がないことだと割り切ってしまってはいけないと思います。早期退職をし、二〇〇九年からこの地で、この生水で米をつくり、少しでもきれいなまま水を琵琶湖へ流したいと思っています。ささやかなことですが、それを自ら実践し、「針江の田んぼから流れる排水は濁りがなく、きれいだ」と言われるように、米をつくっていきたいと思っています。

今、気になるのは、針江を貫いているバイパスの融雪装置のために使う地下水のことです。針江の生水《しょうず》に影響が出るのではないかという有識者の声もありますが、地元ではとくに問題視することもないようです。しかし、何かが起こってからでは遅いのです。私自身、悔いを残さないためにも、今何ができるかを考えていきたいと思っています。

春のまんなか

咲き競う花に誘われて、また針江集落に行きたくなりました。

大津市の北端、旧志賀町のわが家から車で国道161号線を北に走ると、鵜川（河川名）を境に高島市に入ります。山と里、湖が一つになって水がめぐり、自然と触れあいながら人間が営みを重ねる風景が車窓に映し出されるその瞬間、私はこの風景に出合えた喜びをいつも実感します。草木と花のいろどりが心をかきたて、針江へと急がせます。

橋本剛明さんのカバタに色とりどりの花がにぎわいを見せるころ、旅人の喉を潤してくれるように、竹でつくられた柄杓がさりげなくいっぷくの水に誘ってくれます。

「人も生き物も、みんな元気の源になっています。ご飯、お茶、コーヒー、味噌汁から煮物まで全部カバタの水です。水にクセがなく、食材そのものの味が引き出されて美味しいですよ。花にも、気がねなくたっぷりと水を与えられるので元気です。どうぞ、飲んでみて下さい」と、橋本さんは語りかけてくれました。

新しく設えられた水場は、ちょっと自慢のカバタです。春を待ちわびて針江に来ると、この橋本さんの〈おもてなしのカバタ〉の前にかがみこんできれいに咲き誇る花たちに挨拶をし、水の命を感じながら手でサラッとすくって飲んでいます。当たり前のすごさに驚くのは、私たちのようなよそ者なのでしょう。これもまた、橋本さんにとっては当たり前のことなんでしょう。

ブラブラと散歩をして公民館の前に来ると、すぐ横に造られた「針江生水の郷事務所」前に、カバタを見学するためにやって来た人たちがいました。その表情から、テレビや雑誌で知った

橋本さんの〈おもてなしカバタ〉

湧水の町針江に来て、早くカバタに出合ってみたいという心ときめく期待が大川の清流に注がれているようです。

春の新緑がその濃さを増すころ、石津さんの田んぼでも田耕しがはじまり、忙しくなります。紅紫色の花をつけたレンゲが田んぼ一面を覆い、天地返し（土を耕す）は、レンゲの緑肥をすきこんで堆肥にします。種まき、育苗、中耕（田耕しした土を細かくする）、荒代（田んぼに水を張って浸透よくする）、植代（苗が植えられる状態にする）を経て田植えのシーズンを待ちます。田んぼには、シラサギ、アオサギ、ゴイサギ、ヤゴ、クモ、ガムシ、タイコウチなどの生き物がエサを求めてやって来ています。

三月になると、針江地区の役員交代の時期です。役員選挙の投票日、区のふれあい交流会や総会、子どもたちの送る会など、自治会の行事がたくさん重なって忙しくなります。年四回行っている大川の掃除もはじまります。区民全員による河川の清掃作業は、余寒が残るこの時期は、さすがに身も心も引き締まる思いがするようです。

外での作業が多くなり、春を喜ぶ心は仕事場へと向かう足元をはずませます。ふと見ると、カバタには採れたてのホウレンソウやミズナがザルに上げられていました。「コイはカバタの家政婦さん。よう働いてくれますわ」と言いながら、三宅嘉子さんはカバタでナベや野菜を洗いはじめました。野菜やナベは端池で、布巾は流れのある川でと使い分けています。

嘉子さんのカバタを紹介しておきましょう。ここのカバタは二刀流です。地下から鉄管を通って直接汲みあげている湧き水と、元池からの湧き水が壷池に流れ込んで一つの広い端池にためられるという、ちょっと工夫が施された三層構造になっています。三層目の端池が川の水と混ざりあって美しいハーモニーを奏で、そこに泳ぐコイや金魚は一六度という水温に最高の居心地を得て、洗い物をする嘉子さんの手元にうれしそうに集まってきます。

「湧き水だけでは少し冷たすぎて、コイの動きも鈍くなるようですわ。けど、うちは川の水もここに入ってくるんで元気ですわ」と言う嘉子さんの横を見ると、水神さんへの感謝の心配りでしょうか、一輪挿しの花が壁に飾られていました。

三宅さんの〈二刀流カバタ〉

洗った野菜をザルにとって水を切り、鍋を横の棚に伏せながら、「そりゃ、水はとても大切です。水神さんがいるんでな。このありがたい水をいつまでも、子どもたちにはカバタを守ってほしいですな」と、カバタへの感謝の気持ちは「水神さん」という言葉で表現されていました。

「このコイは、残飯や魚の頭や骨も食べてくれるけど、最近は、カレーや焼肉みたいなちょっと脂気のあるもんも喜んでますわ」と、近ごろの魚たちの嗜好も洋風になっていることを話してくれる嘉子さんは、魚の健康管理も行っているようです。そして、その嘉子さんの元気は、水とコイの元気につながっているのではないでしょうか。

この時期、太陽の輝きも増してきて、家々の花たちも、路地裏に咲く花たちも、大川に楚々として咲くプランターの花たちも、春の陽射しのとろみのなかに憩い、ものみな春色に染まります。針江の人たちは本当に花が大好きだ、ということがよくわかる光景です。

カバタの水で育てられたサクラソウ。前田正子さんの〈サクラソウカバタ〉は、花にこころを重ねて人との出会いを教えてくれます。湿性地を好むサクラソウの花言葉は「長続きする愛情」です。カバタを覆うように周りにはたくさんの草花が咲いています。花に隠れて、そっとネコがカバタを覗き込んでいます。しかし、決して手を入れることはありません。ご飯の残りものを食べるカバタの魚、その魚を食べたいと思いながら食べられないネコもやっぱりここが好きなようです。

「カバタにはコイのほか金魚もいるので残飯などは喜びますが、油ものなど汚いものは、直接ここでは洗わんよう気をつけてますよ」と、カバタの水は前田さんのこころにも「思いやりの花」を咲かせています。カバタの水に育てられ、暮らしの賑わいにいろどりを添える花たちの手柄は、人のこころにやさしさを育てていました。

五月になると水路（川）の周りを這うように、路地から路地へ可憐な紫色や黄色の花をつけたカタバミ（カタバミ科の多年生草本）が生い茂ります。カタバミの葉は皮膚炎の薬になり、繁殖力が強いので雑草よけにもなるということから植えられたもので、これも暮らしの知恵です。

路地に生い茂るカタバミ

昔は、どこの家でも庭先や裏の畑にたくさんの薬草や草木を植えていました。花を楽しむだけではなく、用使いもできるのです。ここで、少しだけ薬草の説明をしましょう。

秋になると、庭先で実をつける渋柿は干し柿にしますが、その柿渋は農具などに塗って虫を払い、長持ちするようにしました。アサガオの葉汁はかゆみ止めに、モモの葉はあせもに効き、ナンテンは解毒作用があると同時に「難を転じる」とも言われています。またドクダミは、陰干しをしたものを煎じて飲めば下痢止めになるので、軒下に吊るして常備薬にしていました。もちろん、今でも小屋に吊るしている家を見かけます。ヨモギやゲンノショウコ、そして血止め草もあり、怪我をしたときなどは葉を揉んで塗っていました。そして、ウメの木が多く見られるのは、その効用も多様で、万病に効くと言われていたからです。

私も子どものころ、母がよく庭先やカワト（川戸）のそばの薬草を集めてきてはそれをミキサーにかけて「青汁」と称し、「体にいいんや」と言ってお茶代わりにして飲んでいたのを思い出します。母や祖母の知恵袋が大活躍していたのです。

もちろん、家の庭にはこうした草花に混じってたくさんの薬草や木が植えられていたり、越中富山の薬売りがやって来て、各家に常備薬が置かれていたという時代です。自家用車がまだそんなに普及していないころはすぐに病院にも行けず、応急手当てのための薬だけが頼りだったのです。また、現金収入の少ない農家にとってはその薬を買うこともままならず、これまでの経験と知識でもって身の周りの薬草を使って処方していたのです。

あるモノから新しいモノをつくり出すという「考える力」は、行為を繰り返すなかから身についた知恵であり、あるモノを有効に無駄なく使うという「使い回しの文化」も、昭和三〇年代までは農家の暮らしに生きていたのです。

以前、里山の取材をさせていただいたときに、湖西に暮らす徳岡治男さんから教わったことを思い出しました。現在八四歳になる徳岡さんは今も現役で、ほとんどの田畑を一人で守っています。家におじゃましたとき、次のような日々の生活の話をしてくれました。

「この掘りごたつは、冬場に薪の割り木を燃やして温みをとり、牛のエサも炊いたりできます。餅を焼いたり、味噌汁や茶釜の白湯をもっぺん温《ぬく》とめたり、また傍《はた》でワラ仕事、縄縫いやら、まあいろんなことをここでしてます。非衛生的かどうか知りませんけんど、灰の上に餅を置いたり、灰のなかにうずめておくといつでも食べられます」

これこそが、徳岡さんの信条とする「一物多用の原理」です。こうして、農業の仕組みも、暮らしの仕組みも、いろいろな知恵と工夫からモノをていねいに始末して、利用しながら成り立たせてきたことを改めて教えられました。

カバタの中をのぞいてみても、たくさんの工夫が凝らされていることがわかります。勝手よく、段取りよく使い手の思いに合わせてモノが並べられてあるのです。三宅嘉子さんが洗い物をしたあとにさっと横に掛けてあるザルを手にしたことも、屈んだすぐ横に亀の子タワシが置かれてあったのも、できるだけ無駄な動きをせずにカバタを利用するという知恵なのです。

二〇〇四年、若草に埋もれるようなカバタに出会いました。その雰囲気がとてもやさしく、フィールドワークに参加した学生たちが〈若草に埋もれたカバタ〉と名付けたカバタです。その持ち主である水田裕希子さんは、手入れの行き届かない現状を申し訳なさそうに話してくれました。

「このカバタ、一〇年前ぐらいに渇水があって干しあがってから何もしてません。渇水前までは、今の一〇倍ほどの水が出てました。おばあさんがいたときは、もっとちゃんとしてくれていました。水を抜いて、洗って掃除をしてくれていました。家族がいたころは使ってましたが、

水田さんの〈若草に埋もれたカバタ〉

今は夜に帰ってからと休日しか家にいないので、きちんとできないんです。以前は、スイカを冷やしたり、ヤカンを浸けて冷やしたり、子どものころは水遊びもしましたが……」

実は、最近、水田さんの家は取り壊されてしまったために、現在はカバタしか残っていませんが、その周りは来訪者の駐車場として利用されています。空き地に残されたカバタの周りはコケがむし、いろいろな思い出をそっと閉じ込めた味わい深いカバタが今もそこにあります。

「オギャと生まれたときからカバタに育てられました」と語ってくれたのは、今年八一歳になる松井きく枝さんです。カバタの傍には春花がきれいに咲き乱れ、その前にはきく枝さんが丹精込めて育てている畑がありました。カバタか

松井きく枝さんのカバタ

ら無造作に延びたホースは、毎日の水やりに使っているそうです。

「ジャガイモ、タマネギもそろそろ収穫やな。ほら、あっちは夏野菜や」と、きちんと起こされた畝には、トマトやナスなどの夏野菜の苗もきれいに並んでいました。これからはカバタの水も大忙しとなり、水やりホースは朝晩の散水に大活躍です。

「こんなに気にせんと水を使わしてもらえるのがありがたいですわ」と言うきく枝さんに、カバタの思い出を尋ねてみました。

「一休《いちやす》みと言ってな、毎月の一日、一一日、二一日と『一』の付く日は忙しい農作業もお昼から休みになってな。そんなときはカバタでニワトリをさばいて、カシワのすき焼きをするのがうれしかった。ニワトリは私もつぶせるんやで。五月が終わって、泥落としのときはご馳走しましたわ。カバタは使いいいし、ありがたいです」

普段は当たり前すぎて気にもしていないカバタの水ですが、少し出が悪くなったときにはひしひしとそのありがたみを感じたそうです。嫁いで来てから辛いこともあったそうですが、カバタの水を見ながらひと泣きするとこころも落ち着いて、「頑張ろう！」と自分に言い聞かせることができたと話してくれました。

カバタは、人生に大きな力を与えてくれるようです。私が針江に来ていろいろとお話をうかがっていていつも感じることは、カバタの前にしゃがみ込んで話をしていると話題がどんどん膨らんで、気が付くと昔からの知りあいのような関係になっていることです。これこそ「井戸端会議」ならぬ「カバタ会議」に花が咲くとでも言うのでしょうか、本当に不思議な空間です。

水には、人のこころを和ませ、喜ばせる不思議な力があるようです。それは、きっと昔も今も変わらずに、針江の人たちの水への感謝とカバタを愛でるこころに宿っているのでしょう。集落を歩いていてもさりげなく声をかけあい、なぜかカバタへと足を引き寄せられてしまうという自然のこの力は、生きている水を手ですくって飲むことの幸せと、脈々と流れる水に寄り添って生きる人たちの深層にあるゆとりのようなものが大地への安心感となって、私たちをやさしく迎えてくれます。

カバタつれづれ　私のカバタ

前田啓子

私の家のカバタは、今は外カバタになっていますが昔は内カバタでした。子どものころ、ここで顔を洗ったりするとき、なんとなく湿っぽく感じながら、こんなところで落ち着かないと気にしながら水を使っていました。しかし、私のところは酒屋ですので、夏になるといつもサイダーが冷やしてあり、それを飲めるのがとても嬉しかったです。風呂の水をカバタの壷池からバケツで汲むのを手伝っていたのですが、それをとても懐かしく思い出します。

今はカバタのなかにフジの木があり、毎年、春になると紫色の花が満開になってとてもきれいなカバタとなり、それを楽しんでいます。このフジの木が花をつけると「春が来たんだな」と知らされます。

夏どなり

さまざまな形で新しい命を紡ぐ若芽が、春から初夏へとその姿を変えていきます。山から里へ、その命の鼓動が静かに伝わってきます。夏めく季節は、チマキと菖蒲、そして五月の空に雄々しく遊ぶこいのぼりに代表されます。大川の「コイ」と大空の「こい」が、何か語りあっているように思えます。

来訪者が多くなって、外に干すことを躊躇された洗たく物も、「遠慮ばかりしてられん」と言わんばかりに大手を振っています。学校帰りの子どもたちのはしゃぐ声も、大空に届くかのように路地から聞こえてきます。窓を放つと快い風が通り抜けていくので、座布団を窓に並べて天日干しをしている光景があちらこちらで見かけられます。

緑の風がわたる五月のある日、それぞれの家で収穫した米を持ち寄って、お昼ご飯をいっしょに食べながら歌をうたったり、折り紙をしたり、お手玉をしている光景に出合いました。月一回の「いきいき会」に集まってきたのは、カバタを守ってきた元専業主婦であったキャリアウーマンでした。今は現役の主婦を引退した女性たちですが、その豊かな知識と経験は節目に際しての貴重な知恵袋となっています。教育係としての役目もなくなりましたが、家族のなかでの位置づけは確固たるものです。

かつては洗い場での井戸端会議も、時代が変わって今は趣味を楽しむゆとりのひとときとなっています。そこへ、そっとおじゃましました。「♪春はいつくる山茶花の宿……」と、放たれた窓から流れ込む爽やかな風に揺れながら響きあう彼女たちの美しい歌声は、いくつもの時代を共有し、厳しい寒さを乗り越えてきた苦労がやさしさとなって滲みわたるように聞こえてきました。

「いきいき会」に集まったおばあちゃんたち。椅子に座っているのが前川さん。

不思議なことに、この集まりにおいて交わされる会話からは愚痴が一つも出てこないのです。お互いが支えあうことを大切にしながら、それでいて依存することなく、楽しく人生を送っているという前向きさが彼女たちの笑顔からうかがえます。前川たつさん（九三歳）はこの会の長老格ですが、いろいろな会に参加してはネタを仕入れ、それをここで披露するという重要な役目を担っているようです。「いきいき会」のプランナーと言ったところです。

針江集落には「ズシ（辻子）」と呼ばれる村落共同体としての組織があり、心情的な意味における結束の柱となっています。当家を中心に向こう三軒両隣の五、六軒を単位としてつくられており、各家庭で第一子が生まれたときにはお祝いを持っていき、葬儀のときは、男性が通夜に飾りものをつくり、女性が遺体を中心にして「数珠《じゅず》くり」をして亡き人とのお別れをします。

ズシとは、もともと道路が十字形に交叉している所を指しますが、それが転じて集落の共同体としての呼び名になったようです。冠婚葬祭にこのズシの仲間が集まって式次第を取り仕切るという習わしは、現在も続いています。遠くの親戚より近所の他人ではないですが、集落の人たちの相互扶助なしでは成り立たないという重大な意味を身をもって感じている人たちにとって、生きるための協力関係は欠かせないものなのです。

ちょうど集落が東西南北に分岐する所に、氏神さんである日吉神社があります。水神さんとして、玉依姫命《タマヨリヒメノミコト》が祀られています。その起源は古く、一五七四（天正二）年の「定林坊田畠帳」（饗庭文書）に「はり江」の名前が出てきます。早くから条理に拓けた針江集落は、お互いの意を結びながら、この日吉神社を守り神として地域の絆を深めてきたのではないでしょうか。

五月三日、日吉神社の祭礼の日です。祭礼は、「八講」と呼ばれる二八歳から三〇歳までの既婚者から選ばれた世話人が中心となって執り行われます。八講は日吉神社にかかわる役職で、総代三名と八講三名が主になって、三年間にわたって宮さんの世話をします。そのため、それぞれの家ではよく「八講が回ってくるまでに結婚せんとな……」とまで言われたそうです。

当日、紋付袴に身を包んだ八講たちが公民館を出立して神社に向かいます。神社でお神酒《みき》をいただいたあと、在所中を回りながら御旅所へと神輿行列が続きます（神社境内に戻ってくる）。

この祭礼には、まだ歩けない幼子を背負った親が行列に参列することが習わしとなっていますが、昔は家の者ではなく、外の人に背負い役をしてもらうことになっていたそうです。幼子がいる家では、親戚の者に「今年はお願いします」と言って本膳でもてなし、祝儀をわたして子どもを背負っ

日吉神社の祭礼（写真提供：前田典子）

てもらっていたそうです。水への感謝と家内安全、そして豊作などを祈願した針江のお祭りです。

田中三五郎さんによると、最初、この祭礼は五月一一日だったそうです。

「集落の祭りは一一日でな。その前日の一〇日には親戚へ赤飯を重箱に詰めて持っていくんやけど、隣の集落の祭りが一二日、一三日と続いていて、あっちへ持っていったり、こっちへ持ってきたりで、そりゃ大変やった。『重箱が動く』と言ってな、こんな大変なことはやめとこかということになって、五月一日にみんなが統一したんや。それがまあ、また三日に変わって今に続いているわけや」

「重箱が動く」という表現に、私はそのてんやわんやの情景を思わず想像してしまいました。

この祭礼での、面白い「おまけ」とも言える話がありました。

宮世話や講仲間（二〇六ページの図参照）が前日の一〇日の夜に宵宮太鼓を持って、嫁さんをもらったり新築した家々を「お祝い申し上げます！」と声高らかに言って回るのです。縁側から座敷の障子に向けて、そーっと太鼓をもたらかせ（立てかける）、いきなり「あばれ太鼓」を打ち鳴らすと、その音を聞いてびっくりした家の者が障子を開けて太鼓がどっと倒れてきて慌てふためくという、「新婚の邪魔をする」ちょっと遊び心のある儀式だそうです。あるときなどは、倒れた太鼓を家の人に取られてしまって、驚かすはずの者が逆に驚いて慌てて逃げ帰ったということもあったそうです。翌日、逃げ帰るときに脱げてしまった下駄が湿田《しゅるた》のなかから出てきたことで、前夜のことがバレたそうです。

行ったところでは祝い酒をいただいて、また次の家へ向かうという儀式が明け方の三時ごろまで続きます。「このごろは、今年は家に来るぞと待ってられたりしてな……」と、びっくりさせるどころか家の者が祝い酒を準備して待っていてくれるので気が抜けてしまうそうです。楽しみがあまりなかった時代、きっと大人たちにとっては最高のお祝いであり、楽しみだったのでしょう。一度この儀礼は途絶えましたが、戦後復活し、現在では区長・組合長・町会議員・新築の家・嫁さんをもらった家などを回ってお祝いをするようになっています。

この祭礼には、小池《おいけ》集落の人たちは参加しません。小池集落の人たちは、東隣の深溝集落に在する日吉二宮神社を氏神さんとしています。祭神は大山咋神《オオヤマグイノカミ》と呼ばれ、比叡山の勢力拡大とともに麓の日吉大社から広がったとされています。また、この神さんを仏教風に「二宮大権現」とも言い、仏が神の形で権《かり》に現れたありさまを指しているとも言われています。祭礼の日は五月三日で、「重箱が動かない」ように日吉神社の祭礼と重ねています。同じ日に統一することで、各集落では「おたがいさま」になっています。

新旭町の大国主神社の宮司である中村美重さんのお話によると、一八六八（明治元）年の合併まで、針江村と小池村はそれぞれ並村《へいそん》の関係で存在し、現在、深溝集落にある日吉二宮神社の地所は小池村の所有だったそうです。もともとこの神社は、湖岸近く（深溝）にあったのですが、例年起こる水込み（水害）を避けるために移されたということです。そのため、合併して針江となった今も、小池《おいけ》集落の人たちは針江の日吉神社ではなく、深溝集落の日吉二宮神社の氏子になっています。

また、この神社の祭礼にもつ白色の鉾は、宮元であるという小池集落の権威（一四二ページの「カバタつれづれ」を参照）を表していることも納得するところです。深溝集落にとっても、小池集落にとっても、譲るに譲れない過去からの由緒があるのではないでしょうか。話の真相は、まだまだ行き着かないところにありそうです。

明治の合併で針江村と小池村が一つになって「針江」となりましたが、「部落児童会」（現・子ども会）は、一九一九～一九二〇（大正八～九）年ごろまで、それぞれ一つになることなく集落ごとに行われていたそうです。針江にかぎらず、合併で得るもの、失うものの大きさは、それぞれのこころのなかに深く刻まれたにちがいありません。

五月も半ばになると、石津さんの田んぼでは田植えがはじまります。一日一五反ずつを二〇日間ほどかけて植えるので、最後の田んぼを植え終わるのが六月初旬ごろになるそうです。高齢になった三五郎さんは、最近ではきつい仕事は控えて、石津さんに自分の田んぼを預けています。

一九八九（平成元年）年に滋賀県が有機栽培を推進するためのパイロット事業を広く展開した

とき、そのモデル地域として新旭町針江（現・高島市）が選ばれたことがきっかけとなって、石津さんの米づくりが本格的にはじまりました。石津さんのブランド米である「針江元気米」は、田んぼ一枚一枚にこころが配られた結果つくりだされる有機米です。育った土の温もりとつくった人の気持ち、そして採れたての美味しさがそのままに閉じ込められたこだわりのお米です。

田植えの時期になると、どこの集落でも一斉に水を使うことになるので、川の水に濁りが混じることもありますが、可能なかぎりきれいに保つために、田んぼ周りには「濁水防止」ののぼり旗が掲げられます。毎日水を見て暮らすここの人たちにとっては、その濁り水から「ああ、もう田植えがはじまったなあ」と、季節の知らせを受けることになります。

緑に映える時期のカバタの代表と言えば、何と言っても正傳寺（曹洞宗）の境内の緑に包まれた外カバタ、その名も〈湧水とともに生きるカバタ〉です。悠久の営みを続けて池の底から湧き出てくる水は、深い時を刻んでいます。「水の上に立っている寺」と言ってもいいほど湧水の豊かな地にある正傳寺のご住職である北野良昭さんのお話によると、五〇年前までは、カメが本堂の下に卵を産んで育てるという生態系が当たり前のように繰り返されていたそうです。

北野さんが子どものころと変わらず、きれいな水が池に満ちています。北野さんは、自然の尊い恵みを当たり前としてしまった人間のわがままと利便さを追求するこころが自然の循環を断ってしまい、無常とは遠い存在のなかでさまざまなものを受け入れてきたことに対する自戒の念でこころを痛めています。

「湧き水が私の命の一部であることに気づかせてくださったのは、水フォーラムでお迎えした世界の子どもたちです。彼らの言葉にこころを打たれました」と、他所にある自然の恵みを探し求めるのではなく、ここにある自然の恵みを大切にして、後世に引き継ぐことを願っていました。

正傳寺の所在は、針江集落の南隣の「霜降」という集落になりますが、ほとんどの針江の人たちがこの寺の檀家となっています。

正傳寺に沿って小池川が流れています。この小池川沿いにある伊藤昭さんの外カバタは普通のカバタと少し違っていて、池のようになっています。カバタのある場所は、昔、田んぼがあった所だそうです。田んぼは湿潤で湧水が多く、

正傳寺の〈湧水とともに生きるカバタ〉

「この水をどうにか活かす方法はないもんか」と考えてカバタをつくったそうです。ですから、同じカバタでもここは「池」と呼んでいるのです。

この発想は、伊藤さんのお父さんが漁師で、春に捕まえたさまざまな魚やコイをこの池で育てたいということから来ているそうです。多くは観賞用ですが、ときどきは売買もされているようです。伊藤さんのカバタには、お父さんの名前をいただいて〈しょうちゃんの魚の集会場〉という名前を付けました。すべてが手づくりの、伊藤さん自慢のカバタです。

人が暮らす場所は、水のあり方によって大きく影響されます。稲作で成り立ってきた日本の地域社会の仕組みは、古代より、水の利用と管理に都合がよいようにつくられてきました。逆

伊藤さんの〈しょうちゃんの魚の集会場カバタ〉

に言えば、水を利用して管理する組織として地域社会がつくられてきたとも言えます。

　琵琶湖周辺の地域社会（村落）境界図と河川流域網図を重ねると、村落境界と流域境界がほとんど一致します。近江の村落の特色は、水を生み出す山を強く意識しており、村落の境界が分水嶺と重なる所がたくさんあります。小池川《おいけ》もそんな河川の一つで、針江集落と深溝集落を境にして流れ、針江の田んぼを灌漑しながら琵琶湖へと注がれています。

　この時期、小池川にはウメの花に似た美しい可憐な白い花をつけたバイカモが、何とも心地よさそうに清々しく、流れに身をまかすように揺らめいています。

　二〇〇九年も、無事に集落の田植えが終わり

バイカモの花

ました。毎年、日にちは違いますが、「泥落とし」と言って田植えがすべて終了したことをみんなに知らせて、休養する行事があります。二〇〇九年は、六月六日と七日でした。集落の掲示板には「泥落とし休業」と書いたお知らせが貼り出され、この日は農止めとなって、疲労した体を休めることになります。

この日は、おはぎをつくって親戚に持っていったり、田植えでお世話になった所へお礼に行ったりします。一九六八（昭和四三）年ごろにトラクターが導入されて、今は機械植えになって労働も軽減されましたが、昔は人力での作業でした。また今は、ほとんどの所が五月の連休を利用して一斉に田植えをしますが、昔は日にちも違っていたので、多くの農家では労力を交換する「結《ゆ》い」によって田植えが行われていま

「泥落とし休業」のお知らせ

した。朝早くから夜遅くまで、目もくぼむほどのきつい作業の連日に、こうした田植え休みは貴重な日だったのです。

石津さんの田んぼも、ようやくみんなに少し遅れて緑に染まりました。しかし、畦畔の除草と田んぼの草取りなどといった仕事がまだまだ残っています。先にもお話したように、米ぬかと大豆のクズを水と混ぜてペレット状にしたものを除草剤として田んぼに施すことも重要な仕事です。田んぼのほかに、四〇反ほどを転作田にして大豆と小麦をつくっていますが、この時期にはここにも堆肥を入れて、土に養分を貯えておかなければならないのです。

七月に入ってくると中干しがはじまります。中干しとは、梅雨明け前後に稲の根を空気にさらして勢いづけるために、一〇日間ほど田んぼの水を落とすことです。しかし、中干しの間でも生き物たちが逃げ込めるように水場をつくっておかなければなりません。魚が安心して育つことができる「魚のゆりかご水田」です。これまで絶滅の危惧にさらされていた生き物たちがこの地の田んぼで多く発見されているのも、こうした生き物、消費者、生産者の安心と安全を主願にした有機農業の取り組みの成果でしょう。

稲の間からキラキラ光るオモダカという雑草が茂り、根っ子にイモを付けて増えていくのもこのころです。それを見つけて葉先だけを取り、養分が根っこに届かないようにしておかなければなりません。当然、この作業は手作業となります。子どものころから米づくりを見てきた私ですが、改めてその大変さを痛感しました。しかし、こうした人の手が行き届いた水のある風景を見ていると、快く感じてくるのです。水とかかわりのある暮らしの歴史が、今を生きる人たちの営みの風景をつくりだしているからです。

ヨシの生えている所、水際ぎりぎりの田んぼのことを地元の人たちは「ライダ」と呼んでいます。湿潤すぎる田んぼは稲作には適しませんが、ヨシや田んぼで産卵する魚たちにとっては最高の隠れ場であり、安心できる場所なのです。この時期、魚たちはわずかに残るライダを探し求めて産卵のために上ってきます。魚道をつくり、魚が無事に産卵できるような場所をつくってあげることも、こうした魚の生態を保全しよ

ライダの風景

という姿勢の表れでしょう。

田植えが終わり、泥落としの休業もすむと田んぼの「水守り」がはじまります。中干しで水を落とすまでの間、老人会の人たち（男性のみ）が毎日二人一組で「水守り当番」と称して、針江の田んぼの見回りをします。午後から夕方にかけてすべての田んぼで水が無駄に使われていないかどうかを調べ、もし無駄な水が出ていたら「お金がもったいない、水がもったいない」と言って、バルブをひねって閉めていくのです。

水利用の仕組みは、長い間、集落の共有財産（村のもの）として維持管理されてきました。しかし、生活様式に近代技術が入り込んだ昭和三〇年代の後半から高度経済成長の時代、都市化の拡大と生活用水の確保という水資源開発によって、地域から水が取り上げられてしまいました。それによって、これまで集落で管理していた水利組織が「土地改良区」という行政組織になり、「村のもの」が「行政のもの」になってしまって身近にあった水が自由に使えなくなったのです。また、水の利用の仕方や利用期間も固定化されてしまい、米づくりは春から秋ということなので、「農業用水も四月から九月まで流れたらよい」という許可水利権に移行してしまいました。共有し、みんなで管理しながら利用していた水を、今度はお金で買わなければならなくなったのです。

昔から、梅雨の雨は「農家にとってありがたい雨」と言います。先にも述べたように、現在はどこの家でも田植えの時期が早くなって、五月の連休に一斉に植える所が多くなりましたが、かっては「入梅」が田植えの時期を知る大切な目安となっていて、このころから半夏生《はんげしょう》（七月二日ごろ）までに田植えをすませるのが習わしでした。私の実家も半農家なので、「明日あたり雨が降りそうだから、全部植わったらいいな……」というような話を前の夜にしながら、雨具や防具を用意していたのを覚えています。

「半夏生」という言葉もあまり耳にすることがなくなりましたが、この前後は一年のうちで昼間が一番長く、朝早くから夜遅くまで働く農家にとっては都合のよい時期で、天からの恵みである雨はなくてはならないものでした。

じとじと降る雨につい気持ちも湿りがちになりますが、色とりどりに花をつけた水に映し出されるアジサイの姿に出合うと、雨にさえ楽しむ心を教えられます。大川や小池《おいけ》川沿いに咲くアジサイの美しさは、水に調和した展覧会さながらの絵のようです。そして、私たちにとっても、この時期ならではの花をいとおしむ「愛雨」になるのです。

雪色を奪って咲くウメの花もまた、この梅雨時に恵みの実を結びます。このころになると、カバタの傍《はた》で「梅仕事」をしていたおばあちゃん、足立うたさんを思い出します。塩漬けにしたウメを天日干ししているおばあちゃんに出会ったのは四年前のことでした。外カバタの傍にバケツを置いて、その上に乗せたザルの中には、梅酢がしっかり含まれたウメがきれいに並べて干されていました。日なたに遊ぶ子どもを見守っているようにウメを愛でながら、「一つ食べてみや」

と差し出してくれたウメの美味しかったことと言ったら言葉になりません。

素材や技術が優れていても、つくる人の情熱が注ぎ込まれていなければあの味にはならなかったと思います。「私のウメは美味しいやろ」と言いながら、「ウメは三毒を絶つと言ってな、昔から体にいいんや。毎日、欠かしたことがない」と、最高の梅仕事をしていたおばあちゃんは、自ら頷くように教えてくれました。

表、裏と返しながら数日かけて干されたウメは、カバタでそっと眠ります。三か月もしたら美味しい梅干しの完成です。おばあちゃんの外カバタには〈梅仕事のカバタ〉と名付けてみました。今年、うたさんは九〇歳になります。梅仕事は続いているのでしょうか。

うたさんのカバタには冷暗所として漬物樽が

〈梅仕事のカバタ〉

保存されていますが、どうやらあまり使われていないようです。「湧き水を家に引き入れて使っている」と家の人が言っていましたが、昔はこのカバタが台所になり、洗面所になって使われていたのです。水量が少なくなり、川から水が入らなくなったのでコイも育たないそうです。昔のままの外カバタの小屋ですが、きちんと整頓されており、往時をしのぐ道具類が入っています。じっと耳を澄ませば水使いの音が聞こえてきそうな、威風堂々とした風格を感じさせてくれる外カバタです。

ちょっとワクワクする楽しみと言えば、五月末から六月初めごろに「ホタルが飛んだ、一番ホタルを見つけた」と、夜の水辺に乱舞するホタルが見られることです。

先にも述べたように、水と文化研究会の活動のはじまりは「ホタルダス」でした。ホタルがいなくなったという伝聞情報を、自分たちの目と足で確かめようというのが目的だったのです。さまざまな環境変化からその数も減少しましたが、それは何よりも、私たち自身がホタルや身近な水辺環境に対する意識の変化によるところが大きく影響しています。ホタルがいなくなったという思い込みが、ホタルを勝手にいなくしてしまっていたのです。

私たちがその気になれば、ホタルを探すことはできるのです。山でもなく、街でもなく、実はほどほどの汚れのある川と、人が住む場所にホタルが多いということが調査からもわかりました。

ホタルにとっては、針江のような、ちょっと歩いていける水辺環境こそが生息するためによい条件だったのです。

身近な水辺に暮らす生き物たちは、子どもたちだけでなく、「泥落とし休業」の人たちや日ごろ忙しくしている人たちを、ほっとさせてくれるひとときを与えてくれます。おそらく「ご苦労さんでした」と、その労をねぎらうように最高の乱舞を演出してくれているのではないでしょうか。収穫した麦ワラや、とうの立った大根を水に晒してホタル籠をつくり、田植えを終えた親を迎えに行った帰り道にホタル見をしたという思い出は、子どものころの記憶のなかに残っている人も多いでしょう。

水と文化研究会のメンバーは、海外調査に出かけてはよくホタルの話をしますが、アメリカやアフリカではあまり好まれる昆虫ではありませんでした。ホタル独特の、ちょっと青臭いにおいがどうも好きになれないようです。しかし日本では、水文化、とくに稲作と深くかかわった所にいるのがホタルなのです。私たちにとって、ホタルは暮らしのなかにある「文化昆虫」です。大川沿いに乱舞するホタル見は、親子がこころを通わす大切な時間となるようです。

麦ワラで編んだホタル籠

六月二四日は愛宕神社の夏祭りです。一月と六月の年二回行われますが、小池《おいけ》集落の人たちだけが集まって日ごろの感謝と祈願を捧げる祭礼行事です。「愛宕さま」は、火伏せ、防火の神さまとして広く民間信仰されています。この祭りは、「愛宕講」と呼ばれる講員によって執り行われています。また、講員の家々を順番に宿として、共同の願いを込めて飲食をともにし、懇親を深める集まりでもあります。

ちょうどこの日、小池《おいけ》川にゆらめくバイカモに誘われるようにこのあたりをブラブラ歩いていると、開け放たれた座敷で「ナオライ」(1)をしているところに出会いました。ナオライは、今年の「宿」当番である上原豆腐屋さんで行われており、中から娘さんが、「おばちゃん、今日は豆腐休みやね、ごめんな」と忙しそうにしていました。神社の前に来ると、大きなのぼり旗が風に吹かれてはためいていました。

「昨日は夕方からえらい雨で、今日はどうなるか心配しましたが、よい天気になって無事祭礼も終わりましたわ。旗をしばらく、こうして干しておくのにちょうどいいですな」と、祭りの様子をのぞきに来た近所の人が無事に終わったことを教えてくれました。

愛宕神社の祭礼は、古くから小池集落に住む人たちだけで執り行われ、神社は小池集落が独自

(1) 直会。神事のあと、神酒や神饌をおろしていただく祝宴のことです。

に祀っています。講員がお金を積み立て、年一回の抽選に当たった者が総本社のある京都の愛宕神社に代参してお札をもらいます。一度当たった者は除かれ、輪番的に役が回されています。こうした行事が連綿と続けられることによって、集落の人たちの神仏に対する信仰と共同の意識を強くし、助け合いのこころを大切にしていくことを確認しているのです。

カバタつれづれ

小池《おいけ》集落と愛宕神社

田中義孝

針江生水《しょうず》の郷のなかでも湧水が一番豊富な所、それが小池集落です。水温が一二～一三度で、その水は年中途

愛宕神社の祭礼に集う小池集落の人たち

切れることなくコンコンと湧き続けています。私たちにとって、これが当たり前の自然なのです。

小池集落と愛宕神社の話をします。昔は六〇戸ほどあったと言われている小池集落ですが、現在は二四戸です。この二四戸の村の者たちは、愛宕神社を火の神さんとして信仰し、当番制を守りながら「春祭り」（一月二四日）、「例祭」（五月三日）、「本（夏）祭り」（六月二四日）と年に三回の祭りを行っており、その歴史は何百年も続いている大切な祭礼行事です。

小池集落の南側には永平寺直結の格式高い正傳寺がありますが、面白いことに、二四戸のうち寺の正面にある四戸だけが檀家で、あとの二〇戸はほかの集落の檀家になっています。どんな事情があったのでしょうか。また、小池村は一八七四（明治七）年に針江村と合併して針江区になっていますが、東隣の深溝集落にある日吉二宮神社の氏子になっています。

小池集落には不思議なことがたくさんあります。祭りには四つの集落がそれぞれの鉾を持って渡るのですが、このことで面白い話があります。それは、ある集落で祭りについての会議のとき、若い衆が「赤い鉾はなんかありふれている。もう今のが古いから今度は白い鉾にしよう。そのほうがかっこええ！」という話をもちかけました。すると宮司さんが、「白い鉾は宮元しか持てない。持ちたくても持てないのが現実なんです」と言い、若い衆たちは次の言葉をなくしたそうです。そう言えば、この新旭町でも四つしかない神社（木津の波布神社、井ノ口・七川祭りの大抜比古神社、新庄の雨宮神社、小池《おいけ》の愛宕神社）のなかで、この小池集落がどんな経緯で白い鉾を持つ宮元になっているのかは今もってわかりません。

何不自由なくありがたい水をいただける小池集落に、なぜ火の神さんである愛宕さんを奉ったのか……改めて、自分が住んでいるこの小池の昔をもっと知りたくなりました。

水も火も暮らしになくてはならない大切なもの、「ありがたい」気持ちが感謝に変わり、こうして何百年と変わらずに続けられているところに大きな意味があり、みんなのこころを一つにする力があるということをうれしく思っています。

夏のまんなか

カバタに遊ぶ夏の暮らしは涼一味、スイカ、トマト、キュウリたちといった夏野菜が主役となります。現在では、エアコンもあれば冷蔵庫もあります。しかし、この二つがない時代、とくに土用の暑さは耐え難いものでした。残りご飯は、竹製のお櫃《ひつ》に入れて軒先に吊るしたり井戸で冷やしたりと、いろいろな工夫をしていました。焼けるようなアスファルト道路、家屋や自動車から排出される熱風、少なくなった木陰……現代の暮らしに涼を求めることは難しくなったようです。

よく、環境にやさしい生活文化と言われますが、実は古くから脈々と根付いてきたもののなかに夏の暑さをしのぐ知恵がたくさんあります。茅や麦ワラで葺かれた草屋根の農家は屋根裏が高くなっているため、玄関から一歩土間に入ると、ひんやりとした涼しさを感じることができます。農家の家の間取りの多くは、表側に二間、裏側に二間というヨツズマイ（四ツ住い、田の字型形式。七二ページ参照）になっており、仕切りの障子や襖を開ければ開放的な大広間となって風が心地よく通り抜けていきます。

また、日よけにはヨシズが用いられ、ヘチマやヒョウタン、アサガオなどのツル性の植物を軒下に吊るしたり、軒端に這わせる家もあったりして、見た目にも涼を感じたものです。陽射しの強い日には手桶やバケツに水を汲んで打ち水をし、焼けつく地面を潤しました。団扇《うちわ》の風に吹かれながら背に風鈴の音色を聞き、しばし暑さを忘れるという涼の工夫もよいものです。そして、農上がりや盆に田舎へ里帰りする楽しみの一つと言えば、井戸に冷やされたスイカをほおばることでした。

住まいから食べ物、装いに至るまで、「ちょっと昔」の暮らしには涼を呼ぶ工夫やモノがたくさんありました。エアコンに頼りがちな今の私たちの暮らしのなかには、「近い自然」を楽しんだり感じたりすることがほとんどありません。昭和三〇年代の中期から後期にかけて「三種の神器」の一つである冷蔵庫が農村部にも広く導入されましたが、夏の針江集落が際立つのは、真夏でも一三度の水温を保つカバタの湧き水です。夏でもかじかむほどに冷たい水は、カバタで体感する「涼快感」を私たちに与えてくれます。暑いときだからこそ、カバタの中に五感を放って「小さな涼」を楽しむゆとりがもてるのです。

この夏一番採りのキュウリが十数本、広いカバタを独り占めしていました。水路（川）に沿って石段を二、三段下りると川の流れのなかに壷池があり、カワトとカバタが一つになったような、川が端池の役割をしている外カバタがありました。カバタのうしろが倉で、その入り口には、カバタで利用する調度を置いておく棚のようなものが造られていました。そして、カバタの傍《はた》には大小の漬物壷が置かれていました。

ちょっと足を止めて、壷池のキュウリを一本

カバタに遊ぶキュウリとおばあちゃん

一本ていねいに洗っているおばあちゃん（八〇歳）に声をかけてみました。

「昔はみーんなここで顔を洗ったり、歯を磨いたり、米をといだりしてました。暑いときは、タオルを浸して顔をふくとすーとして。今は町水道を使ってますが、私はやっぱり地下のほうが好きやから洗たくしたり、大根洗ったりしてます。モコモコ湧いてきて、よお出ると可愛いもんや。ほら、これメンボ（アメンボウ）かな、いっしょに遊んどるわ、ほれっ」と、まるで自分の子どもを愛でるように話していました。

「これな、塩漬けにしようとおもて。もっと暑ーなるとトマトやキュウリをいっぱい冷やすんやけど、食べきれんのでつけたまんまにしてあるんや。遠慮せんと食べてや。いっぱい採れるから」と声をかけてくれたとき、夏になるといつもこのカバタにたくさんのトマトやキュウリが冷やされていることを思い出しました。おばあちゃんのやさしい心くばりだったのです。裏の畑では、おじいちゃんが夏野菜の手入れをしていました。

七月になると、針江浜の清掃が行われます。毎年、七月と一〇月の年二回行われますが、このときは、世帯を半戸に分けてやります。この活動は県の河港課からの委託事業なのですが、人任せではなく、地元のみんなでやることで、少しでも水に関心をもってもらえるという地元の人たちの希望でもありました。

集落を流れる川を「使い川」とか「里川」と呼んで、洗たくや食器洗い、野菜洗いはもちろん

冨江家展示での物の流れ（琵琶湖博物館C展示室）

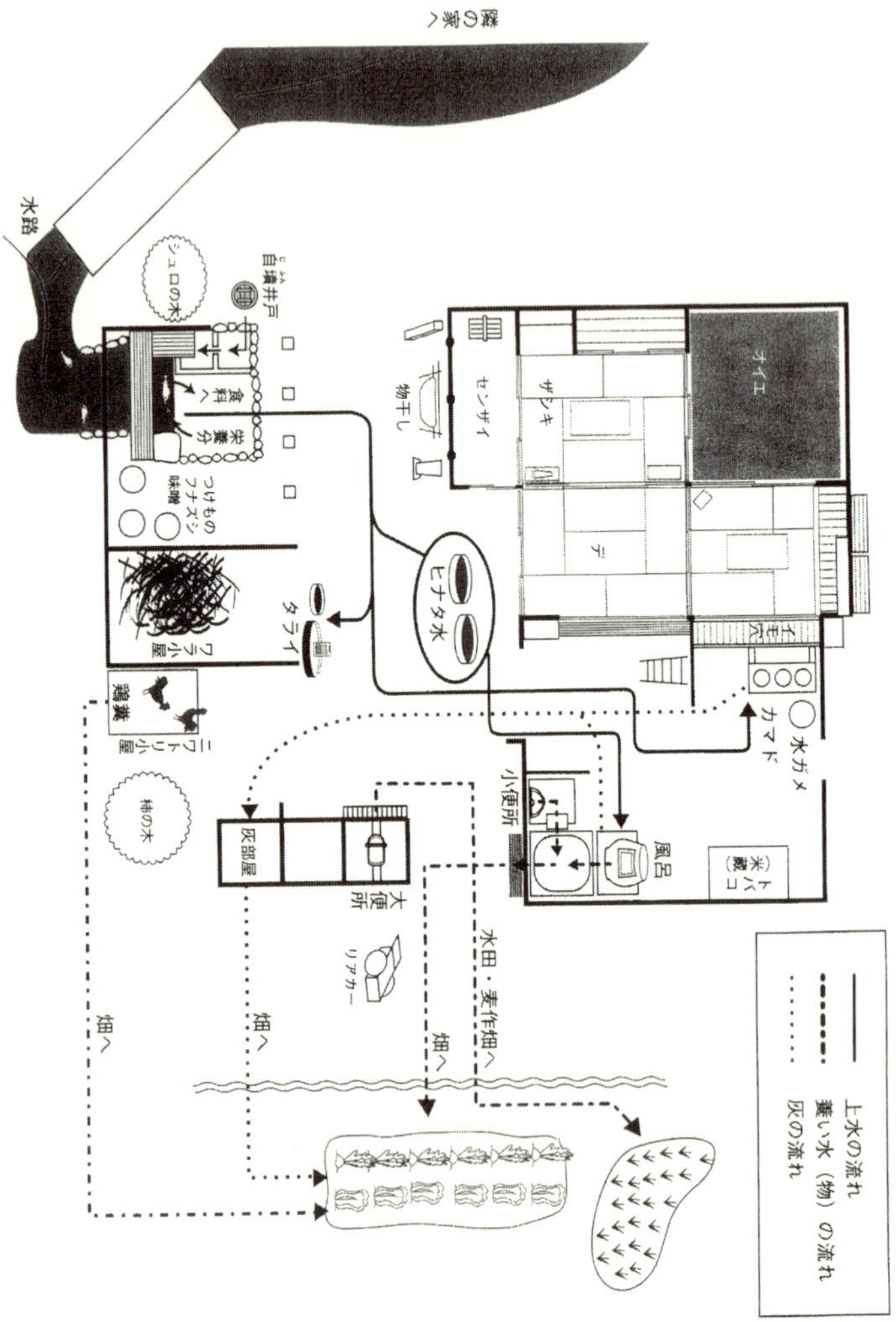

飲み水としても利用していたころ、家の前には三～四段の石段をつけてカワト（洗い場）がありました。上流の者は下流の者に配慮して、汚れ物は直接川では洗いませんでしたし、汚れのひどいものはタライに水をとってそこで荒洗いをし、清洗いだけを川でするという「わきまえ」が集落の決まり事とされていました。その「わきまえ」が川をいつもきれいに保ち、また水を使い回して家庭のさまざまなことに利用していたからこそ、琵琶湖の水質が保たれていたのです。

川や湖から汲んだ水は大切に使われ、米のとぎ汁は家畜の飼料に混ぜ、風呂の落とし水は小便所へという話は先にも述べましたが、取り込んだすべての水は生活のシステムに使い回し、不要と言われる水が一滴もなかったのです。すべてが「養い水」として、「モッタイナイ」という意識のなかで使い回す水文化があったのです。

それだけの配慮をしても、河川や琵琶湖に流れ出る栄養分は沿岸のヨシや水草、藻に取り込まれ、これもまた人の力で「藻上げ」や「泥かき」という作業によって田んぼの肥料に再利用されていたのです。湖岸の藻や周辺の泥をかきあげる作業が河川や琵琶湖の富栄養化を防いでいたのですが、この作業も個人が勝手にすることは許されず、集落総出の作業として行われ、あげた藻や泥はそれぞれに配分されたのです。「モッタイナイ」のこころ、下流に配慮しての水つかいという精神文化、そして「藻上げ」などを通した水を利用するための共同意識が人びとのなかに育っていったことがよくわかる歴史です。

この時期、湖岸にはヨシが生い茂り、水と陸の境をなくしてしまったヨシ原は魚たちの格好の居場所となります。魚にはなくてはならない水際であり、水域と陸域を行き来するそのつなぎとして重要な役割を果たしています。しかし、琵琶湖総合開発や瀬田川での琵琶湖の水位調節でヨシ原が減少し、その生態系が近年大きく変わっていきました。また、ヨシには水を浄化する働きがあるため、これまで琵琶湖の水質に大きな影響を与えていました。「近い水」が「遠い水」になっていった経緯のなかで琵琶湖の富栄養化が進み、一九七七年に琵琶湖で初めて淡水赤潮が発生したのですが、その原因もヨシ原の減少にあったのです。

ヨシ原の減少が叫ばれるなか、針江浜では数少ないヨシの群生が見られ、初夏から秋にかけて湖岸の水際が見えなくなるほど生い茂ります。春に芽吹いたヨシは、針江浜の清掃のころには二~四メートルの草丈に生長し、夏から秋にかけてアジサイの花を咲かせます。冬に向けて、その花は稲穂のような淡い紫色の実をつけてやがて枯れていきます。

人の背丈の何倍もあるこのヨシは、一二月の終わりごろから刈り取って次の新しい芽吹きを促します。刈り取ったヨシは、「丸立て」と言って円錐状に立てかけて乾燥させます。刈り取りを終えるとヨシ地を焼き、雑草や害虫を防除し、肥料としての新しい芽吹きを待ちます。ウグイスに似たちょっと大き目のオオヨシキリがヨシ原で卵を産み育てるのですが、刈り取りの時期には、南方へ渡っていったことが確認できる巣の跡を見つけることができます。

刈り取られたヨシは暮らしのなかで工夫され、幅広く利用されています。今は瓦葺の屋根が多くなりましたが、かつての民家の多くはヨシを用いた葦葺屋根でした。現在でも、ヨシズを軒先に立てかけて、風を取り入れながら暑い夏の日よけとして使われています。昔はどこの家にもあった爐《いろり》の煙が天上裏に抜ける工夫として、ヨシズを張ったところもありました。そのほか、夏は座敷の襖代わりにヨシズを張った戸が用いられたり、ヨシズの衝立《ついたて》で涼感を演出したりと、生活文化に深くかかわってきた植物だということがよくわかります。

最近では、ヨシですいた紙や、ヨシに鶏糞や発酵促進剤を混ぜて肥料として利用しようという試みもはじまっています。また、ヨシ笛は素朴な自然の音色で、琵琶湖の環境とよく調和します。私の友人である笹生正則さんは、湖岸を回ってそれぞれの生育条件の違うヨシを集めて、異なった音域が奏でられる民俗楽器のような笛をつくって、『琵琶湖周航の歌』や『生きている琵琶湖』（作詞・作曲加藤登紀子、二〇〇三年）などを演奏するというコンサート活動を続けています。

襖代わりのヨシズの戸

昔も今も、いろいろなアイデアが生まれるヨシには魅力がいっぱいです。ヨシ原の群生は、魚たちにとっても、また人と自然が相互に依存しあうという生態学的にも、文化的、経済的にも重要な価値があることが見直されつつあり、ヨシ原を再生しようという取り組みが住民のなかからも起こっています。

盛夏の針江の醍醐味と言えば、何といっても針江大川を目前にした「流しそうめん」のおもてなしです。近くの雑木林から取ってきた青竹を半分に割り、長さ四～五メートルのトイをビールケースの上に乗せて格好の傾斜をつくり、穴を開けておいた家の壁に竹を差し込みます。早くもなく、遅くもなく、その絶妙なタイミングで湧き水に冷やされながらそうめんが流れ落ちてきます。若竹の香りと調和したそうめんの味は、暑さをしのぐ究極の喉越しで、体のなかに涼味たっぷりの幸福感となって広がっていき

流しそうめんのおもてなし

ます。

この場所で、この瞬間でしか味わえない美味しさは忘れることのできない感動を覚えます。このさりげない細やかな気配りと手づくりのおもてなしに、針江の人たちの温かさが伝わってきます。そして、太陽がまっすぐに落ちてくるようなうだるような暑さをよそ目に、ゆらゆらと涼しげにバイカモの可憐な白い花が川面にそよいでいる風景が、それをあと押しするかのようにこのにぎわいに参加しています。

夏のカバタ、暑い夏を粋に過ごす工夫はそれぞれの家の個性にありました。一年のうちで、カバタを行き来する回数が一番多いのもこの季節です。庭先にカバタの水をホースで引き込んでプールをつくり、子どもたちが水遊びをして楽しみます。

「うちのカバタは遊び用やからな」と言う中山順功さんの外カバタには、〈あそびカバタ〉という名前を付けました。家を探しているとき、カバタから水が途切れることなく溢れ出ているのを見て、自分にピッタリの家だと思って一五年ほど前に京都の宇治市からここに引っ越してきたそうです。

築一〇〇年と言われるこの家で、仕事のかたわら趣味のヨットや渓流釣りを楽しむというアウトドア派を自認する中山さんは、釣ってきたイワナをカバタの水槽に入れています。さばいたり、小刀を研いだり、または漬物を漬けるときなどにカバタを利用しているのですが、少しの汚れでも水面に変化が起こるので、気をつけているということです。

「カバタを見てもらうと、うちのは汚いし、整頓してないと思われるので……」と申し訳なさそうな言い方をする中山さんですが、カバタの愛し方もいろいろで、これが中山流の愛着と感じ入りました。

「カバタの水が琵琶湖へ流れている。最後の最後まで、カバタはわれわれにとって大切なものだ。そんなことを子どもたちに伝えられたらいいなー」と言う中山さん。針江集落に引っ越してきて、ヨットに乗ったり、山奥へイワナ釣りに行ったりすることで水と人と生き物とのかかわりの素晴らしさを知ったという「最高の幸せ」を実感しているようです。

中山さんは、山で見つけてきたいろいろなものを工夫してつくるという木工細工を楽しんでいます。家の玄関《カドグチ》には、つくり手の技が光る「小枝にとまるトンボ・カバタトンボ」という作品が並べられていました。私も一つ買い求めようと手を伸ばしたのですが、うっかりトンボが枝から落ちてしまい、元に戻すことができなかったのでそのまま立ち去りました。ごめんなさい。

春にモンドリ（八六ページの写真参照）でフナ、コイ、ニゴロブナを捕り、土用にはドジョウが中心という三五郎さんの「おかず捕り」も、六月になるとモンドリができなくなるので琵琶湖の沖合い二〇〇メートルまで出てギンギ（ギギ）捕りに変わります。ビワマスが捕れる秋口まで、夏の漁はお休みとなります。それに代わって、仕事のほとんどは畑仕事となります。

「ナスビは肥と換《か》えこと、と言ってな、ナスビがよくなるころは漁が終わるんで、朝早く起きてコエモチせんとナスビをもらえんのや」と、天秤棒を担いでコエモチに精を出して、おいしいナスをいただいていたそうです。三五郎さんからさまざまな話を聞き、暮らしの現場を見せてもらって感じることは、周りの自然環境とやり取りをしながら折りあって暮らしていることです。

　自然へのかかわりは人によっていろいろで、生活環境もまた「見え方」や「認識の仕方」も違います。自分たちが必要とする分だけをいた

小枝にとまるカバタトンボ

だく「おかず捕り」、コエモチをしながら「生きる糧」をいただく、いつもきれいにしておかなければならないところに「カバタを配す」、五穀豊穣を祈願した「タナカミさんへのお供え」など、三五郎さんの暮らしの作法の一つ一つから、今では見えなくなった身近な水環境と人とのかかわりにある社会的な仕組みが、それぞれの理《ことわり》にあった暮らしを成り立たせていることが読み取れます。私たちの暮らしの足元から環境問題を考えていくことの大切さを、学んだ思いがしました。

「カバタは、女にとって本当に大切なものです」と繰り返し話す海東なみこさんにとって、カバタは友だちのような存在でした。なみこさんは、毎日、水とかかわることで身近な水環境をいつも敏感に受け止めてきた女性の一人です。

なみこさんの内カバタには〈主婦の相棒〉という名前を付けました。台所として、洗面所として生活に欠かせない大切なものです。昔は、泥のついた汚れ物は大川や共同の洗い場まで行くというように、水の使い分けもしていました。現在はカバタの水を水道に引き込んで使っているそ

三五郎さんに「コエモチ」を教えてもらうアフリカからやって来たジョン君
（写真提供：田中三五郎）

うですが、なみこさんは野菜や鍋をいまだにカバタまで持っていって洗っています。その行為は、永遠の友（カバタ）としての深い絆で結ばれているかのようです。

「町水道の水と、カバタから上げてる水の味はやっぱり違いますな。カバタの水は美味しいわ。癖になりますよ」と言うなみこさんの話は、水源と使い場を一つにすることによって自然の恵みを常に感じ、その感謝のこころを忘れることのないように、相棒としていっしょに生きてきた友だち（カバタ）の自慢話に尽きました。

「カバタは夏場に使っています」と言うのは福田ハツさんです。ここのカバタには〈金魚カバタ〉という名前を付けました。

「孫たちとバーベキューをするときに野菜を洗ったりしますが、このカバタの主役は金魚ですわ」と、縁日で買ってきた金魚の遊び場としても使っています。川に沿っていないために少し勝手が悪いですが、子どもや孫たちと過ごす大切な時間のなかにカバタが存在しています。また、最近いろいろとマスコミなどで取り上げられていることで水への意識も変わってきたようです。

いつもは静まりかえった日吉神社の境内ですが、夏休みになると早朝六時三〇分から地域恒例の「ラジオ体操」がはじまります。幼児から小学六年生までの子どもたちを中心に、壮友会、子ども会、ＰＴＡの役員さんたちが後見として参加します。境内からラジオの音が聞こえてくると、集落の人たちも次から次へとたくさん集まってきます。

休みに入った最初の一〇日間をこの境内で、あとの一〇日間は場所を変えて、小池の国道161号線の高架下にある広場で行います。それぞれが出席簿を持っていき、体操が終わったら六年生に判を押してもらいます。そして、そのあとの子どもたちはというと、虫捕りや魚捕り、そして河童になっての川遊びに興じます。心ときめく探検や発見が待っているのです。

カバタつれづれ

「カバタ」のトマト

嘉田由紀子（京都精華大学教授、当時）

人は何をおいしいと思うのだろう。特に夏の暑いさかり、口にはいるものの温度はとても重要だ。子ども時代、外から帰った時のあの井戸水の一口。今、「冷蔵庫の水はつめたすぎる。井戸水の味が忘れられない」と言う人も多いのではないだろうか。

琵琶湖周辺には今では水道がくまなくひかれているが、昭和三〇年代まで井戸水やわき水など自然の水は暮らしの中心にあった。そして、今なお井戸水やわき水を使いつづけている地域が少なからずある。たとえば、湖西の高島市の新旭町の針江や藁園、マキノ町の海津、高島町の勝野などには、家いえに「ショウズ」と呼ぶわき水が出ていて、お豆腐やトマトやキュウリが冷やされている。

毎年、京都精華大学では高島市の地元の人たちとともに、「高島地元学」という実習を行

なっている。

「カバタ」や「イケ」などと呼ばれるわき水溜めに冷やされたトマトやキュウリをご馳走に

なる。その時の学生の驚きの顔が忘れられない。の？」「ただのトマトが何でこんなにおいしい

畑からのとりたてで新鮮という条件もあるだろう。それ以上に、わき水の適度な冷たさが

おいしさの秘訣と私は思っている。今年も、「ただのトマト」に驚く学生の顔をみるのが楽

しみだ。八月四日〜六日にかけて、精華大学の学生が高島市の各地に伺います。ありのまま

の暮らしの機微を若い人たちに教えてください。

（二〇〇五年七月三〇日付、京都新聞掲載）

まろやかな口あたりと淡白な味わいの豆腐をそのままでいただくのも、この時期ならではの味

わいです。ちょっとお行儀が悪いですが、その場で「立食い」をするのが一番です。

上原忠雄さんの所にある豆腐専用の外カバタ〈〈豆腐カバタ〉と名付けました〉は、川（水路）

に沿って造られています。この水を引っ張ってきて、手配り、心配りの豆腐がつくられているの

ですが、その数は多くありません。できあがった豆腐はこのカバタにさらされて、美味しさがよ

り深まります。

「豆腐から一〇〇の料理が生まれる」と言われるほどその食べ方はさまざまですが、豊かな自然と日々の暮らしのなかで育まれたおかず一品、名脇役として食卓を引き立ててくれます。

上原さんの店の近くに、新しく造られた外カバタがありました。私たちがこの地で「世代をつなぐ水の学校」の活動をはじめたとき、仲間としていっしょに加わってくれた石田幸弘さんのカバタで、〈世代をつなぐカバタ〉と名付けました。川（水路）に沿った石段はそのままカワト（川戸）として洗い場になり、その横には生水《しょうず》のカバタがあるという水利用の仕組みがよくわかるものでした（次ページの写真参照）。

石田さんは、結婚を機に新しく家を建て直すことになったのですが、問題はカバタをどうするかということでした。当時、子どもたちといっしょに水めぐりをしていた嘉田さん（現・滋賀県知事）や私たちは、美味しい水を試飲させてもらいながら、「このカバタを何とか残してほしいな」ということばかりを願っていました。その願いが通じたのか、新築された石田さんの家の前に新しいカバタができあがりました。それが〈世代をつなぐカバタ〉です。子どもたちと地域の水めぐりをしたことで、石田さんは水と人とのかかわりやカバタのありがたさを自らのこころのなかに刻んでくれたのではないでしょうか。しかし何よりも、家を建て直すとき、両親の「地下水でなければ嫌だ！」という要望が「カバタを残す」ことになったのだと思います。針江集落の

石田さんのカバタ（以前）

石田さんのカバタ（現在）

なかで、二番目に新しいカバタの誕生でした。

そのカバタは、元の位置より少し移動していますが、湧き出る水は昔も今も変わっていません。野菜を洗ったり、生活用水として利用されています。

「日当たりがよいので藻が繁殖するんです。こうして木で蓋をすれば少しは防げるかな。もともとのカバタは川に密接していたので、魚が入ってきてましたよ。こうしてカバタをコンクリートにしてしまいましたが……」と、変化しながらもつないでいる石田家のカバタは、家族の対話のなかで残されました。

いくらたくさんの理屈を引っぱりだして議論をしても、カバタの文化を伝えたり保存することはできないでしょう。石田さんのご両親のように、「地下水でなければ嫌だ！」とか、カバタで冷やされたトマトやキュウリ、そうめんや豆腐を口にしたときに感じた「冷たくて美味しい！」という感動、「野菜や鍋を洗うのに便利やし、楽やから」とか「いつでも水があるので助かるわ」というごく当たり前の生活のなかで蓄積された「体感」が、結果としてカバタを文化として残してきたのでしょう。ここに住む人たちの水への想い、「やっぱり生きた水はええわ！」という言葉が形となって残ったのがカバタだったのです。

生活にもっとも身近だったカバタは、さまざまなものを洗い流し、ときには人やモノを結びながら、いつまでも残していくために使い続けられるものでなければなりません。当たり前のすごさの裏側にある、体で記憶してきた日常の暮らしの集積が意味すること、そのことを、圧倒的な存在感があるカバタによって改めて考えていく必要があるように思います。

カバタつれづれ　夏のカバタ

福田千代子

一年を通して一三度から一四度の水が湧いています。二四時間、三六五日、いや二〇〇年の歴史のなかでえんえんと湧き続けているのがカバタです。

夏のカバタは天然の冷蔵庫に早変わりします。壷池にはトマト、キュウリ、スイカが冷やされ、ダラーンと伸びた紐の先にはヤカンが冷やされています。昔は粉砂（クレンザー様のもの）やワラ灰で茶碗などを洗っていました。今ではジャーに入れているのでご飯が腐ることもありませんが、子どもころにはひんやりするカバタにお櫃《ひつ》を置いていました。足元から冷やされ、その水は手がしびれるほどの冷たさです。野良仕事をして、汗があふれた顔をカバタの水で洗うとすごく気持ちがよく、汗も瞬時に引いていきます。

水路にはザリガニやタニシなどたくさんの生き物がいて、きれいな水が流れていて、琵琶湖もたいへんきれいでした。こんな環境で、こんな水で育った私は、この水を大切に守っていきたいと思っています。水は宝、水は命ですから。

針江公民館の横に大きな水車があります。一九九八年ごろ、直径一五〇センチメートルほどの水車が、有志の寄付で秋葉神社（アキバさん）の隣に取り付けられました。

まだ電気精米所などがなかったころ、水車は玄米の精白、大麦の精白や挽き割り、小麦の製粉などのために利用されていました。昔はどこの集落にもあった水車ですが、平坦な所には少なく、落差の大きい所に数多く見られました。湖西を歩いていると、今でも物置きの軒先に壊さずにしまわれている水車を見かけることがあります。

針江にある水車が今の大きさになったのはまだ最近のことです。自治会の役員のなかに二人の大工さんがいて、「みんなで水をきれいにするという意識を高めよう！」

針江のシンボルとなった水車（写真提供：前田典子）

というスローガンのもと、湖北の高月町まで行ってそのつくり方を習い、材料費だけでつくったものです。

すっかりこの地に馴染んだ水車は、現在、針江のシンボルとして堂々と回っています。水車の下にあるカバタに冷やされた夏野菜たちも、川にできた壷池の中でクルクルと回りながら涼味を添えています。このカバタに誰が野菜を入れているのか、いつでもキュウリやトマトが冷やされています。

水車の隣にあるアキバさん（秋葉神社）は、赤石山系の南端に位置する秋葉山（八六六メートル）で修行した修験者によって広められたといわれ、元は「山の神さん」とされており、強い霊力をもつということから剣難、火難、水難をよける神として信仰されています。

「アキバさん」を守る12人衆（写真提供：海東英一）

この神社の祭礼は、針江の長老一二人の大人衆《オトナシュウ》（一二人衆）(2)によって執り行われています。毎月一六日、交代でお供えをして参拝していますが、九月一六日は大人衆全員が集まって幟《のぼり》を立て、神主を呼んでの祭礼が行われます。前日の一五日に神社の周りの清掃を行うのですが、その日は朝からみんなが集まって作業をし、昼食を囲んで祭礼当日の段取りを確認します。祭礼が終わったあとは、向かいにある明生会館に移動してナオライがあります。

ちょっとおもしろい話を思い出しました。六年ほど前の夏、ちょうどこのアキバさんの前をブラブラ歩いていると、一人のおばあちゃんに出会いました。おばあちゃんは、アキバさんにお参りしての帰りだったようです。帰り際、おばあちゃんに「カバタの水は美味しいですか？」と聞きました。もちろん、その答えは想像通りのものでしたが、最後に次のようなことを言いました。

「孫はな、水道水はレストランの味やと言いますにゃ」

果たして、この言葉は何を意味するのでしょうか。私なりの解釈では、子どもなりに、レストランの味は都会の水で、カバタの味は田舎の水（生きている水）ということを言っていたのではないかと思います。子どもの直感に勝るものなしです。

当たり前に存在するカバタも、子どもたちの何気ない言葉や行動で気づかされることがあります。

「♪出て来い、出て来い、池のコイ、そこのまつもの茂ったなかで、手のなる音を聞いたら来い、聞いたら来い」〈童謡『池のコイ』〉と、おばあちゃんとお孫さんが楽しむ〈孫とコイのなかよしカバタ〉は、お孫さんがカバタの前に座って、「まだ帰ってこないのかなー」と言いながら奥からコイが出てくるのをじーっと待っている光景が見られます。そんなお孫さんとコイの姿を改めてじっと見ているおばあちゃんも、嬉しくなってきたようです。

子どもの目線は、カバタにいる生き物に注がれていたのです。それからというもの、おばあちゃんはちょっとした水の変化（増減）に「コイは大丈夫かな？」と覗き込むようになり、普段あまり気にとめることもなかったカバタを、「こんなに孫が楽しみにしてるんやから、なくなると寂しいな」と思うようになったそうです。

カバタは、使うばかりでなくそこにあり続けることにも大きな意味があったのです。このようなおばあちゃんと子どもの風景からも、カバタが暮らしのなかに根を下ろしていることがわかります。

とくに夏、子どもたちにとってはカバタや川が最高の遊び場になります。五年ほど前に訪れた

（2）神社の世話をする長老で、終身制ではあるが何らかの都合で欠員になることもあり、その場合は年齢の順に補充されていく。神を祀ることを主要な目的としているが、神祭りを通して住民の親睦を深め、共同体としての約束をはかるものでもあります。

とき、清水江美さんがこんなことを言っていました。

「このカバタにいる金魚は、おじいさんが買ってきて放したものかな。夏は足がしびれるくらい冷たくて、子どもたちは、夏が来ると一日一回はここに入って涼んでいるんですよ」

清水さんの二人の娘さん、まきちゃんとりほちゃんは大好きなこのカバタで育ちました。私が〈子育てのカバタ〉と名づけたカバタをもつ海東真由美さんも、次のように言っています。

「子どもたちにとってカバタがあるということは、都会では味わえない伸び伸びとしたこころを育ててくれるのではないかと思っています。自然が豊かで、川遊びができて、魚が捕れて、何よりも、この生きた水がこんなに近くにある環境で子育てができるのは幸せです」

この豊かな環境で子どもたちが元気に育ってくれることを、真由美さんは楽しみにしていました。これまでに私はいろいろな所を歩いてきましたが、こんなに楽しく水と遊ぶ子どもたちを見たことがありません。

針江の夏の風物誌となっているのが、大川の清流で川下りに興じる子どもたちの姿です。子どもたちは、真っ白な雲の大きさに圧倒されそうな鮮やかな午後、女の子も男の子もいっしょになって、元気いっぱい光る水のなかで楽しく遊んでいます。子どもたちにとって大川はプールです。そんな姿を見て、「踊る阿呆に見る阿呆、同じ阿呆なら踊らにゃそんそん」とばかりに針江を訪れた人たちも、「入らにゃそんそん」と言いながら靴を脱ぎ、ズボンをたくしあげて川に入って

います。しかし、数分もするとしびれるような
その涼感に歓声を上げていました。
　子どもたちが遊ぶ川下りの道具は、もちろん
自分たちで工夫したものです。織物糸を立てて
おく平板を改良したもので、子ども二人ぐらい
が乗れる大きさとなっています。ゆるやかに蛇
行する流れのなかで、バランスをとりながら立
ったり座ったりして川を下っていくその姿は、
川の個性と魅力を知り尽くしたという優越感に
満ちています。あてがいぶちではなく、自らの
体験を通して感じる醍醐味なのでしょうか、子
どもたちの「つくる力」と「考える力」はいっ
そう楽しさを増しているようです。子どもも大
人も楽しめる針江大川は、世代を超えた交流の
場になっています。
　石津さんの田んぼに絶滅危惧種とされている

針江大川はプール

生き物が戻りつつあるということは先にも述べましたが、今一番絶滅の危惧にさらされているのは水辺に遊ぶ子どもたちの姿ではないでしょうか。子どもたちが川で楽しく元気に遊ぶといった姿が、いつのころからか消えてしまいました。

「良い子は川で遊ばない」という立て看板が当たり前になり、川に近づく機会が少なくなって、川がだんだん遠い存在になってしまったのです。しかし、水と人とのかかわりを内面的に豊かにしたのは、子どものころに体験した川での魚つかみや川遊びだったのです。

私たちが子どものころは、自分の目で見て、自分で歩いて、自分の頭で考えて、自分の手で触れるというさまざまなことをして、自らの遊び場を見つけていました。楽しさだけでなく、そこには危険もいっぱいありましたが、そんなときはいっしょに行ったお姉さんやお兄さんが助けてくれたし、少々のケガなどは覚悟のうえでした。危ないから近づかないのではなく、危なかったので次はどうしたらいいかを学ぶ場でもあったのです。上の子は下の子を気遣い、下の子は上の子の言うことを聞きながら、お互いの社会性が育っていったのだと思います。

『水辺遊びの生態学』を執筆した嘉田さんは、本の中で次のように語っていました。

「遊びほど人と自然、人と人のかかわりを総体として、しかし本質的にえがいている行為はないと確信するにいたった。水の汚れとは、水と人との関係性のなかで決まってくる。つまり、人がかかわり続ける水はきれいなのである。逆にかかわらない水は汚いのだ。水の汚れを普遍的で対象化された水質指摘だけで表わすこと自体、限界があるのではないだろうか。（中略）父母世代、祖父母世代の子ども時代の清浄さを保つ河川や水路、湖は減っている。子どもたちの意識は、大人の意識を反映する。水溜りをみて大人が汚いといえばそれをそのままうけとめてしまう」（要約）

年四回行われる針江大川の清掃作業は、子どもたちの意識にも反映されていて、汚れのひどいものを直接カバタで洗わないという「わきまえ」が芽生え、常に川をきれいに保つように心がけています。

針江大川は、何度も言うように、カバタという水利用場を通してつながるこの地区の大切な「里川」なのです。針江の子ども

少年時代に想いを馳せて（写真提供：前田典子）

たちが楽しく大川で遊ぶのは、大川が安全で安心して遊べる所だということをよく知っているからです。ときには、子どもだけでなく大人たちもまた少年時代に想いを馳せ、筏下りに興じています。ちなみに、事前に「針江生水の郷委員会」（六〇ページ参照）に申し込めば、この筏下りの醍醐味を体験することができます。

カバタや川はただ単に使うだけでなく使い続けることに意味があり、針江の人たちもまた、ここで暮らし続けることで水の文化が伝承されていくのです。世代を超えて、若い人たちが選んで編み出していく生活のなかにカバタや川を置いて、今あるものをその時代に沿った新らしいものに変えていくことも大切だと思います。そして、そこから生まれた水の文化をみんなが共有し、「カバタと川の文化」の伝統を次の世代につないでいくことができたら、そこにまた生活文化に厚みと深みが増してくるのではないでしょうか。

カバタを利用してきた長い歴史の感覚を日常生活に改めてもち込むことによって、大川でつながる集落の人たちの絆がさらに強くなろうとしています。暮らしを楽しむ引き出しを一つ、また一つと増やしながら、時代を抱え込んだ美しい生活風景を新たにつくり出そうとしている針江集落の魅力は、人と水のかかわりにあるさまざまな出来事に沿ったにぎわいと人と人のつながりにあるように思います。

カバタつれづれ　カバタあれこれ

田中たつみ

突然の来客があっても、すぐにビールをカバタに浸ければほどよく冷えるので慌てなくてもすみます。ヤカンに入れたままお茶を浸けておくことで、毎朝、学校の水筒に素早く入れることができます。

夏に「暑い」と言うと、「カバタの水で顔洗って来い！」とよく言われました。子どもがお茶がほしいと言う前にカバタの水を飲み、友だちにもすすめています。そうめんを食べるときもカバタの水で洗いますが、私の手がしびれるくらいよく冷えます。

壷池に水深の違う二本の水が出ていますが、微妙に味が違うように思います。利き水をしてもらうのが楽しみです。

お正月になると必ず鏡餅を供えて、一年の安全をお祈りします。祖父がカバタで毎朝顔を洗い、東に向かって手を合わせて拝んでいました。

「夏の涼と冬の暖、この二つが満足できれば日本の家の住み心地は文句がなかった」という文章をかつて何かで読んだことがありますが、まったくその通りだと思います。日本の民家の多くは、こうしたことにこだわることによってさまざまな工夫をし、知恵を働かせてきたのではないでしようか。

私たちからすれば、夏は涼をとり、冬には暖がとれるというカバタのある暮らしは、実に贅沢で恵まれた環境です。しかし、湧き水があることを当たり前としている針江の人たちは、そのことをどのように考えているのでしょうか。もし、この水が出なくなったらどうなるのでしょうか。湧き水であれ水道の水であれ、水に対する「ありがたい」という気持ちはどこであっても同じだと思います。

水と文化研究会では、これまでに水にかかわるさまざまなテーマで調査研究をしてきました。そのなかの一つ、「もしも蛇口の水がとまったら」というテーマで聞き取り調査をしたことがあります。小学校の出前学習で子どもたちにこの質問をしたところ、半数以上が「コンビニへ買いに行ったらええやんか」と答えていました。

私たちは、毎朝、起きると顔を洗って歯を磨きます。洗たくもすれば食事もするし、トイレにも行き、お風呂にも入ります。近ごろは朝もお風呂に入る人が増えているようです。このように、ざっと考えただけでも一日に一人が使う水の量は三七五リットルとなり、ペットボトル（二リットル）でいえば一八七・五本に相当します（五ページ参照）。スーパーの特価で一本一九八円で買ったとしても、一人が使う水の代金は三万七一二五円となります。それが家族分必要になるという話を子どもたちにすると、「そんなん、大変やんかー」という驚きの声を発しました。何気なく当たり前に使っている水のことをこうして改めて考えると、「水の大切さ」がよくわかります。

高島市のある小学校で同じ質問をしたとき、「安曇川の水を汲みに行く」と答えた女の子がいました。その女の子の家族構成を尋ねてみると、おじいちゃん、おばあちゃん、両親、弟の六人家族でした。そして女の子は、「おばあちゃんは、昔、安曇川で洗たくしたり、水汲んだりしてたって言ってたから」と話してくれました。

この学校区は、一九五三（昭和二八）年九月の13号台風で大災害を受けた地域です。それが理由で、学校でも水に対する意識が高く、子どもたちに水にかかわる話をしてほしいという要請を受けて出前学習に行ったのです。

このときの授業テーマは、「もしも大雨が降ったら」でした。この地域は三世代同居の家庭が多く、おばあちゃんが体験してきた「水ものがたり」は、大雨が降ったり、大渇水になったときに家族の間で語られてきたものです。子どもたちには直接かかわりがなくても、おばあちゃんが自らの体験を語って聞かせることで、子どもたちに具体的に水をイメージさせることができるのです。それに、自分たちが暮らしている地域がどんな所かを知ることは大切なことだと思います。

近年、さまざまな所から情報を得て、たくさんの人たちが針江集落にやって来ています。とくに、子どもたちの体験学習や親子づれの宿泊予約が殺到する夏は、針江の人たちにとっては非日常の毎日となりますが、少しでも水環境を知ってほしいという地元の人たちにとってはよい交流の機会となっています。。

今は空き家となっている森良夫さんのお家《うち》には、〈おもてなしの内カバタ〉と名づけたカバタがあります。川からの水が端池に入り、端池での使い水は、同時に排水としてまた川へ流れ出ていくという内カバタです。ここに住んでいたころ森さんは、水を汚さない工夫として、直接泥のついたものを洗わない、合成洗剤を使わないなど「わきまえ」をもって利用していました。現在、この家を、外部からやって来られる方々の宿泊所として提供しています。「ここに泊まって生活することで、水への気配りや水の流れの仕組みを体験してもらえたらうれしい」と、森さんは言っています。

森さんのお家を宿泊施設として利用するようになったのは、前にも述べた京都精華大学生のフィールドワーク（二〇〇三年夏）が最初だったと記憶しています。いくつかの施設に分かれての研修でしたが、この針江を調査地に選んだ学生たちは、ここで寝泊りしながら自炊をしたり、針江生水《しょうず》の郷委員会のおばさんたちといっしょにカバタを利用して食事をつくりました。いただいた採れたての野菜をカバタに冷やし、その隣で調理し、新鮮感覚を体で味わうという都会では得がたい体験をしました。

野菜の泥がすぐに川に流れていくので、桶に取って泥落としをしてからカバタに入れて洗うということも、とくに教えられることなくわかったようです。現場を見ることで、その仕組みを理解したのでしょう。

針江生水の郷委員会でも、森さんの意を組み入れて、宿泊者のみなさんにカバタ利用を実際に体験してもらおうという試みをはじめています。基本的には自炊ですが、集落の女性たちが地元で採れた野菜や魚をカバタのある台所で調理してくれることもあります。突然、野菜の差し入れがあったり、おもしろい話が聞けたりと、さっと集落を見て回るだけでは見えてこない貴重な出会いや体験があります。

針江生水の郷委員会の人たちは、生まれたときから目の前にある蛇口しか知らない若い人たちに、ここに泊まることによって「水はどこから来てどこへ行くのか」という水の回（巡）路を調べて、そのすごさに気づいたり、教えてもらったりすることから、自らの環境を考える手がかりにしてほしいと思っています。

「カバタを使う」、「カバタを楽しむ」、「カバタを眺める」といった針江の身近かな生活に目を向けると、結構おもしろいものが見えてきます。針江の人たちもまた、水を意識し、自分たちの暮らしとは違うここでの暮らしを体験することで、それぞれの土地の文化を考えてもらえたらと願っています。そして、こうしたやり取りを通して外からの「気づき」を教えてもらうことで発見が加わり、針江の人たちにとっても生活づくりや地域づくりに活かしていけるのです。森さんの宿泊施設は、そんな交流の場となり、また生活創造に向けての寄りあいの場になっているようです。

公民館の横にある針江生水《しょうず》の郷委員会事務所には、いつも交代で数人の人たちが詰めています。当日の案内をしてくれる人たちや、宿泊のお手伝いをしてくれる人たちの雑談からもいろいろとおもしろい発見と驚きがあります。

「昔は、野菜など畑から採ってきたままを川で洗ったり、暗いときは家まで持って帰ってカバタで洗いました。若いころ、百姓で一日一生懸命汗して働いて、帰るとすぐにカバタに足をつけるのが楽しみでした。どんだけ汗をかいていても、さっと汗がひきましたわ。そのあとに杓《しゃく》で汲んだ水を飲んで、そりゃ天国ですよ。また、元気を取り戻しましたわ。普通の水は、なんか荒いようなカリカリかむような感じですが、この水はやわらかいですよ」と、嫁いできたころに農作業で疲れた体を癒してくれたカバタの思い出を話してくれたのは福田みつ枝さんです。ここのカバタには、〈汗ひくカバタ〉という名前を付けました。「百聞は体感にしかず」、一分も浸けていられないほどカバタの水は冷たくて、みつ枝さんの気持ちが実感として伝わってきます。

みつ枝さんのカバタは、幅一・一メートル、奥行七〇センチのコンクリートで囲われています。その真ん中を仕切り、一方を野菜洗いや洗面に、もう一方は直接手足が浸けられるようになっています。採ってきた野菜を浸けながら、隣で足を浸けて疲れを癒すのが楽しみになっているそうです。水の元気と、地の元気から採れた美味しい野菜が、みつ枝さんの明日の元気につながっているのでしょう。みつ枝さん自慢のカバタを案内してもらったあと、豆やナス、イチジクなどたくさんのお土産をいただき、私も元気のおすそ分けに預かりました。

カバタ使いも、その家々でさまざまに工夫されています。田中末造さんの内かばたには〈冷蔵庫〉、外カバタには〈でっカバタ〉と名付けてみました。一度も枯れたことがないというカバタ、その内カバタは冷蔵庫の代わりとして使っていて、漬物などの保存食が並べてありました。また、外カバタは文字通りでっかい池のようになっていて、元池、壺池、端池に分けられ、端池には趣味の魚釣りで捕ってきた大きな魚が自由に泳ぎま回っています。

「やっぱり水道水より使い勝手がいいし、魚もカバタに入れてやると元気です」とその利便を強調し、魚の元気は水のおかげと満足の様子です。湖岸に開かれた針江集落の人たちの休日の楽しみは釣りをすることで、夫婦ならずとも「水魚のまじわり」で、カバタも人も魚も元気で仲むつまじい親密な関係が保たれています。

このようにカバタ使いもさまざまですが、その周りは「一物多用」で、それぞれの家なりの知恵と工夫が光ります。カバタの中の調度には「手づくりの文化」の華やかさがあります。次は、水田さんのカバタをのぞいてみました。

カバタ小屋の板張りの部分に、勝手よく自在釘が打たれています。一番上が「芋洗い籠」、サトイモを入れて川に浸けておくと勝手にゴロゴロ洗ってくれるものです。真ん中には「茶碗籠」、法事などたくさんの人が集まるときに大量の食器を洗って水切りに使います。その下には「大籠」があり、畑に持っていって野菜を入れて帰り、そのままカバタに浸けておきます。洗い終わったら水切りをして、夕ご飯のおかずになります。一番下は「ショウケ」、お米をとぐときに使うものです。これらの籠はみな手づくりで、地元の竹やぶから取ってきた竹を材料にしておじいさんがつくったそうです。

田中末造さんの〈でっカバタ〉

水田さんのカバタは川（水路）に沿った外カバタで、川（水路）からの水が自由に入っては出ていくという流れがあるので、タクアンなど漬物のケダシ（塩抜き）もいいあんばいにできると言います。

漬物といえばご飯です。滋賀県には、湖東の日野菜漬け、高島の万木《ゆるぎ》カブの糠漬けや甘酢漬け、高島市畑の畑漬け、信楽町のズイキ漬けなど、地名を由来とした野菜の漬物がたくさんあります。実は、漬物を保存するにはカバタは最高の環境なのです。そして、これらの漬物は女性たちの腕の見せどころです。美味しい漬物に、心遣いと手間隙をかけた「おふくろの味」が家族の団欒に一味を添えています。

暑さとともに太陽の恵みをいっぱいもらった夏野菜（ナス、キュウリ、ウリ、シソ、ショウガ）が、あっさりと塩漬けやシバ漬け、または糠漬けになったものが食卓に上がると細りがちな食も増します。針江の郷土料理の一つ「きゅうちゃん漬け」は、塩漬けにしたキュウリをカバタで保存し、法事などのときにカバタの水に晒して塩分を抜いてから食べています。「なすびの辛子和え」は、同じく塩漬けにしたナスビの塩分をカバタに晒して抜いてから辛子《からし》で和えたものです。また、大根をケダシしたものは「ぜいたく煮」にしますが、このような保存食を利用した料理は、野菜の少ない時期や突然の仏事に威力を発揮する食べ物となります。「漬物最高！」と自認する福田玉枝さんの話を聞くと、今すぐ漬物を食べたくなりました。

「畑で採れた野菜を、端池に浸けて洗うんです。それから少し干して樽に漬け、またこのカバタの隅で保存します。いろんな季節の野菜を漬けた樽がここに並ぶんですよ。食卓の上に並ぶのを楽しみに、手間隙かけて漬けるんです。昔の人ってすごいですね。塩加減は目分量なのに味も最高ですね。ちょっとでもそれに近づこうとやってます。カバタで洗って、カバタの水で炊いたご飯といっしょにこの美味しい漬物を食べるのが最高の楽しみなんです」

カバタに遊ぶ夏野菜たち、今年も玉枝さんによってどんな変身をするのかが楽しみです。汗をかき、体を動かしてつくる食べ物、水場のある広いカバタで収穫してきたばかりの野菜を洗い、外カバタの台所でそれぞれの家の好みにあわして漬けられ、その味が次の世代へと引き継がれていくのです。

私が針江を好きな理由《わけ》は、こうしたカバタを真ん中にして、いろいろな楽しみを見つけることができるからです。漬物樽を見つけると思わずその中味を想像してみたり、川筋の地蔵さんに出合うと、そこに供えられた花に人のやさしさを思います。そして、カバタで洗い物をしているおばあちゃんは、その手を止めて「あんた、どっから来たんや」と親しみいっぱいに話しかけてくれたりします。「やっぱりカバタの水はいいですね」と、「水」からはじまる世間話もどんどん広がっていき、話題が尽きません。

いつもの車道からそれて、カバタを探しながら路地に入るとワクワクしてきます。人が踏み分けてできたような道を発見すると、そこから隣り近所のお付き合いの様子が浮かんできます。隣の家に味噌や醤油、塩などを借りに行ったり、もらいものをおすそ分けしたりと、子どものころの暮らしぶりが思い出されます。

囲いがほとんどない針江の集落には、路地から生まれた生活の豊かな文化が今も根を下ろしているようです。

とくに、花の多い春から深まる秋にかせて、たくさんの人が針江集落を訪れます。それぞれの季節の風景を色にたとえれば何色になるのだろうか、ふと、そんなことを考えてしまいました。都会のようにたくさんの人が集まる所が人工的な色彩でいろどられているのに対して、針江の日常はかぎりなく自然に近い清楚な色です。しかし、生活習慣がもたらしす色感覚は多彩なものとなっています。この多彩な色感覚を、私は「在地色」と名付けてみました。祭礼に重箱が飛び交う赤飯の「赤色」、田んぼや畑の「緑色や黄色」、葬式の「白色」と「黒色」、大川の「水の音色」など、暮らしと結びついた在地色は生活の節目のいろどりとして豊かな文化を育てています。

多くの地元の人たちは、集落の色は「水色」と言います。そんななかで、福田正勝さん（七八歳）が「今の集落は赤色かな。それは、みんな元気で燃えているから」と迷わず答えてくれたその言葉に、命を燃やして生きているという強さを感じました。この言葉を聞いたあと集落をブラブラしていると、一人の若い女性に出会いました。彼女に、針江の色は何色かと尋ねてみました。

「ここには、安らぎの色がたくさんあります。この山、里、湖という大きなキャンバスに重ねた四季彩が人をひきつけるんだと思います。都会は色鮮やかですが、それらを重ねると黒色になってしまうんじゃないですか……」

「重ねると黒色」という言葉に、個性を失ったと思われる都会の色に不安を感じてしまいました。都会には、とくに技能がなくても暮らせるシステムがたくさんあります。それに、水がどこから来てどこへ行くのかを知らなくても生活することができますし、社会的なかかわりを無視してもあまり日常生活に支障をきたすことがありません。しかし、生活のなかで得られる技や知恵は生きていくためには必要なものであり、みんなでつくりあげてきた生活領域を維持するということは、共有するものが多ければ多いほど多様な色彩を描き、ここに住み続けようという意思が現れ、そこに美しい生活美色があぶり出てくるのだと思います。

「自然と生活の境界線がないですね。うらやましいです。川の流れる音が聞こえますね。こんなきれいな町に住んでみたいな」

針江の水みちをめぐりながら出合う焼杉塀の民家や路地のつつましやかなカバタ、ていねいに設えられたカバタの調度、澄んだ大川の優雅な流れ、深く豊かに呼吸する針江の生活風景に触れた三〇代の男性は、こころに強く残った感動をこんなふうに話してくれました。

カバタや水を通して見える集落の風景の美しさに感動するのは、この男性だけではありません。針江生水《しょうず》の郷委員会の事務所にある見学者の「書き込みノート」には、「自然と調和した暮らしがある」、「自然を利用した先人の知恵や工夫がある」、「四季折々に訪ねてみたい」、「ほっとさせてくれるにおい、音、色がある」、「水がきれいで美味しい」など、水とともに暮らす針江集落への感動がたくさん綴られていました。

ほのかに広がる心地よい香りは里山の春であったり、カバタが主役のおもてなしの夏野菜たちのいろどりに涼味を覚え、人のこころに染みる水の音に癒されたりと、五感がゆっくり解き放たれてゆく瞬間に人は安らぎを覚えるのではないでしょうか。決して派手さはありませんが、水と人のかかわりを大切にしながら生きる針江の人たちの大地への感謝の思いが、この地の「地力」となり、人の「元気」となって訪問者のこころを打っているのです。

「ここの水は、先祖さまからの大切な宝の水です。ここには水神さんがいるので、粗末にするようなことはできん」と、誰もが口をそろえて言います。集落の氏神さんである日吉神社には玉依《タマヨリ》姫命《ヒメノミコト》が祀られています。正月の門松や注連縄《しめなわ》は、日吉神社をもりする役員が手づくりをし、年明けにはまず玉姫さんのカバタで手と口を清めて、参拝を済ませてから新年を迎えるというのが針江の習わしになっています。

歩くほどに出合うカバタ、水の神が宿るカバタは凛として美しく、ときには楽しみをたくさん与えてくれるという不思議な力を秘めています。二〇〇八（平成二〇）年には、人がかかわって保全していることが評価を受け、環境省の「平成の名水百選」にも登録されました。自然からの贈り物、この湧き水こそ針江の生活にはなくてはならない命の綱であり、大きな財産なのです。

「この水は、自然からの恵みです。子どもたちには、水を大切にするこころや、地下水がどうして湧き出てきたか、地下水の歴史なんかが伝えられたらいいかな」と、福田和仁さんは言います。自然の恵みに感謝し、そのありがたさをいつも感じている福田さんは、「人の努力がな

日吉神社の境内にある〈手洗い水のカバタ〉

ければ保存はできません」と手配りの大切さを説き、「ここに生活するかぎり水はなくてはならないものだし、その重要性は変わりません。暮らす人たちの努力がなければ安全で健康的な生活を送っていくことができないし、水に対する基本姿勢は、どんな条件のもとにある地域でも変わりがないことを私たちは意識のなかにもち続けなければならないと思います」と語ってくれました。

「カバタはずっと使い続けます。夏はやっぱり野菜や果物を冷やしておいたり、お茶を冷やしたり、飲み水にも利用して。生活するのにほんまに役に立っていますわ。子どもたちには、何より水の大切さや昔から使い続けていることの意味を伝えたいな。水がきれいで、安心して使えます」と言う福田喜代邦さんの言葉も、水への信頼と愛着がある絆の深さを感じさせてくれます。

「命の源でもあるきれいな水を暮らしのなかに取り入れることで、季節ごとの、体で感じる温度の変化や都会と違う水の味を感じることができます。カバタの水が湧き続けるかぎり、掃除をし、お供えもし、大切にしながら使い続けます」と言う小畑吉雄さんの言葉からも、水環境の維持管理は人の手が届き、気配りと心配りをしながら、そのかかわり意識が水への想いを強くしていくことが伝わってきました。

〈直して、守って一〇〇年カバタ〉と名付けたのは、海東英和さんのカバタです。一〇〇年間、ずっと暮らしを支えてきた海東さんの外カバタは、親から子へ、子から孫へと引き継がれてきました。

「人の手が加わって初めて維持されていくもんやな。次は、屋根の瓦を変えんとな」と、お父さんの英一さんは、ちょうど傷んでいるところを修理していた手を止めて話してくれました。

英一さんのカバタへの心遣いは、直して、守って、人の手が加わることで維持管理され、ここに暮らす人たちの健康的な生活や安全が可能になることを教えてくれました。小畑さんの場合も同じですが、こうした個人の内面的な豊かさこそが水と人をつなぎ、大川がいつまでも清流であり続ける大きな力になっていたのです。

「このカバタは、一〇〇年、ずっとここにあるんや。ここにいるコイは、息子が生まれたとき

〈直して、守って100年カバタ〉小屋の前に立つ海東英一さん

に放ったもんやで。今も元気で生き続けているんや。ほら、よお太ってるやろ」という話から、「そうそう、昔な、針江に住んでいた同級生がな、ここを出て、ずいぶん経ってから家を訪ねてくれたんや。だいぶ昔のことやから家を探すのに苦労したそうや。そしたら、昔遊んだカバタの記憶があってな、それが今も変わらずここにあったんで、このカバタを見てここが私の家だとわかったそうや」という話になりました。

カバタは、守ってこそここにあり続けることができ、人は変わっても海東さんのカバタは友の心象風景にしっかりと記憶されていたのです。一方、「前はあったが、昭和六〇年（一九八五年）に家を建て替えるとき、庭を造るために埋めてしまったんです。今考えると埋めなければよかった」と、悔んでいる人もいます。スイカを冷やしたり、野菜を洗ったり、コイを飼ったりと、なくしたカバタの向こうに広がっているのは、記憶に刻まれた山中昌浩さんのカバタ時間でした。

カバタつれづれ　「世界財産」ならぬ「世界　ザ　遺産」へ

海東英和

夏休みに入り、お宮さんで朝のラジオ体操がはじまった。境内いっぱいの子どもたちに嬉しい驚きを覚える。大川には、河童のように遊ぶ子らの姿が戻ってきた。みんな誇らしげな顔をしている。

いまやカバタの暮らしは、世界が注目する持続可能な生活のモデルである。個々には特別なことをしてきたわけではないが、小さなころから丸や四角のつぼ池に浮かぶトマトやキュウリやマクワ、大きなスイカや鉄色に光るナスビの美しさを記憶の底に焼きつけてきた。これからは、お盆の一二日の墓参りや盆踊り、セミの声や畑で「ほうかぶり」して働く女性たちの姿とセットの暮らしの美しさだ。

「水を汚すと、かばたろうさんに水のなかに引き込まれるで」と、日本昔ばなしのような暮らしの場面がつながりあって、水を汚さない心がここに生き続けている。「カバタが素晴らしいのではなく、カバタの暮らしを続けているみなさんが素晴らしい」と言ってくださる方があった。カバタだけが光っているのではなく、針江の人々が光っているということなんだと思う。

簡易水道が整備され、衛生的な生活の侵略はカバタ存続の危機だった。しかし、壊してしまう家は少なかった。新旭町の「二一世紀記念誌」で今森光彦さんの撮ってくださった「つぼ池の写真」に共感した。「そや、そうなんや」、そのとき小さな歴史が動いた。もし、あの写真がなかったら……他所の「カワタ」や「カワト」だったとしたら。

かつて「カバタ文化」を守ろうと議会で提案したが、理解されなかった。女性を酷使するシンボルと批判もされた。しかし、何人もの方が、夏涼しく冬暖かいカバタは、「お嫁に来て一番嬉しかった場所やで」と励ましてくださった。

使い捨て文明のなかで、連綿と受け継がれてきた究極の普通が、建物ではない生きている「世界財産」（世界　ザ　遺産）になるのだ。一〇〇年経っても、保育園バスを降りた園児が川へ飛び込むようなカバタの暮らしがそれなりに続いていますように。上流、下流、そして子や孫たちと力を合わせてまいりましょう。


暦では立秋でも、現実とはかけ離れたところでまだまだ厳しい暑さが続き、「秋立つ」とはほど遠い感じがします。

「月遅れ」のお盆の準備、お墓の掃除にみんな大忙しです。本来は旧暦の七月の行事だったようですが、今日では旧暦のお盆はあまり見られなくなって、月遅れが一般的になりました。針江もまた、盆行事は毎年八月一二日となっています。

この日は、遠くの親戚や子どもたちが帰ってきてお墓参りをします。田イモの葉で供物を包んで線香をのせ、仏さまを川から琵琶湖へ流すという風習もかつてはありましたが、一五年ほど前から行われていません。今は、柿の葉に「おだんご」と「ナス・ヒョウのお浸し」をのせてお墓に供えています。

あまり聞きなれない「ヒョウ」という草は、夏から秋にかけて黄緑色の小花を穂状につける、本当はどこでも見かける草です。集落の人たちの間では雑草の一種と言われていますが、葉を茹でれば立派な食べ物になります。終戦直後の食料難のときには取りあうようにして食べたもので、畑を見ると、畝と畝の間やカヤツリ草に混じってたくさん茂っています。

見た目が雑草なので、草むしりのときにはよく抜かれてしまうことが多いようです。春や秋ほど有名ではありませんが、「夏の七草」の一つにもなっています。和名を「ヒユ」と言い、別称「ひょうな」というヒユ科の一年生の植物です。(6)

針江集落では、お盆の迎えはなく送りだけです。

「昔は墓参りにちょうちんを持って参り、それを墓に置いておき、翌朝またそれを取りに行き、帰りに地蔵さんの水を汲んで神様にお供えしましたな。その地蔵さんはな、ここらの人が墓掃除するときの水になったし、子どもたちが学校からの帰り道、ここでうつ伏せになって水をよお飲んでたな」と、松井きく枝さんはこのお地蔵さんにまつわるいろいろな思い出話をしてくれました。「地蔵さん」というのは、かつての「共同洗い場」の傍《はた》にある〈地蔵カバタ〉のことです。今、この地蔵さんには祠《ほこら》がありますが、昔は野ざらしのような状態でした。

「川を行き来していたころな、いつも地蔵さんの前を通る船頭さんがな、この地蔵さんを漬物用の石とまちがえてな、家の漬物石にしようと持ち帰ったということや。するとな、その晩から地蔵さんは『針江に帰りたい、針江に帰りたい』と泣き明かしたらしいわ。これを聞いた船頭さんは、『えらいことしたわ』と、地蔵さんを元の所に戻したということや」と、きく枝さんが話してくれました。

それ以来、地蔵さんは祠に祀られ、毎年八月の二三日にはお花とお菓子のお供えをし、御詠歌を唱えて大事にされたそうです。現在、この地蔵さんは正傳寺に移されて祠だけとなっていますが、この〈地蔵カバタ〉の水は今も変わらずコンコンと湧き続けています。

家の宗派によってお盆の過ごし方は違っていますが、久しぶりに帰ってくる親戚を迎えてのお盆休みは、大人にとっても子どもにとっても懐かしい人たちと会い、いっしょに過ごす楽しいひとときです。

「盆と正月がいっしょに来たように、出たもん同士がいろいろ積もる話もできるし……」ということで、夏祭りのお知らせが集落の掲示板に

〈地蔵カバタ〉

（6）　木村洋二郎著の『私の植物散歩』によると、アカザ・イノコズチ・ヒユ・スベリヒユ・シロツメグサ・ヒメジオン・ツユクサが夏の七草として選定されています。

貼り出され、夜には集落の人たちの楽しみである「夏祭り」が催されます。

その日の昼間は、子どもたちが大川で思いっきり川下りを楽しみます。ひとしきり遊んだらカバタのスイカを頬張り、また元気に川をめがけて飛び込んでいきます。一方、集落の体育委員さんたちや役員さんたちは、早くから日吉神社に寄りあってやぐらを組んだりちょうちんをつけたりと、「盆踊り」の準備をはじめています。そして、日も落ちた八時ごろになると、集落の人たちがみんな集まって、時間を忘れるほど、夏を惜しむように盆踊りに興じます。

にぎやかなのは人だけではありません。穂づくりをはじめた石津さんの田んぼでは、卵から孵ったフナやナマズがすくすくと育

夏祭りの準備を終えて（写真提供：高田一雄）

っています。稲の葉と葉の間に巣を張ってエサ捕りに奔走するクモ、低空飛行しながらエサを探しにやって来たツバメ、アマガエルやトンボも農薬を使っていない田んぼをよく知っています。ユスリカなど田んぼの害虫はこうした生き物のエサになりますが、それぞれが種を保存しながら実りに向けて必死に活動します。しゃがんで目線を低くして田んぼを観察していると、農薬を使わなくても、自然の連鎖で生態系が保たれていることがよくわかります。

「子どもたちに、昔の話をしなくても現場を見せてやることで自然の仕組みが理解できます。生き物たちの生態系を守ることは、こうした米づくりをし、地域の人たちが地域の米を食べることからはじまります」と、石津さんは時間を見つけては子どもたちと田んぼ観察に出かけています。

稲は穂づくりを終え、出穂の時期に入っています。

カバタつれづれ　涼を求めて

松井ますみ

八月一二日、盆、針江の墓参りの日です。京都のおじは、毎年、この日だけ里帰りをしてきました。「こんにちは」の声と同時に旅行カバンをその場に置くと、「タオル貸しとくれ」と言ってタオルを肩にかけ、下駄に履き替えてカタカタ言わせながらカバタに向かいました。外カバタなので、周りの景色を眺めながら冷たい水に手を浸し、顔を洗ってさっぱりして、ホッとするのがふる里での何よりの楽しみだったようです。

数年前、そのおじは他界しましたが、「仏前に生水《しょうず》の水を」と持参すると、おばはとても喜んでくれます。今思うと、生水の水をこよなく愛したおじの思いが私にそうさせているのかもしれません。カバタを前にすると、そんなおじのことが思い出されます。

秋どなり

残暑がまだまだ厳しい毎日、それでもたしかに、カバタに集う路地の夏野菜たちも一つまた一つと姿を消し、秋のナスビが悠々と独りじめをしながら行く夏に別れを告げています。忘れられない夏の思い出をそっと水底に秘め、また新しい出合いを待つカバタの水音は、秋へとわたる涼風に美しく調和しています。

石津さんの田んぼの稲も、渡る風のなかですくすくと成長していました。畦畔の草刈りは忙しく、だいたい田植え前から稲刈りまで三回ほど行われています。雑草は日光をさえぎり、水温の上昇を妨げて稲の発育を害するので、二回目はとくにていねいに刈り取られます。七月中にオモダカという雑草の刈り取りをしましたが、三回目は、穂が出て稲刈りをはじめるまでの間に刈り取りをします。雑草の実が結実し、その実がこぼれ落ちるのを防ぐためです。

石津さんはオリジナルの除草剤を散布していますが、それだけでは隅々まで手が行き届かないので昔ながらの手作業も続けています。しかし、石津さんが一番気にかけていたのは畦畔を棲み処にしているカメムシでした。カメムシは田んぼに飛び込んで、出穂から米粒になろうとする稲穂のおいしい米乳を吸うのです。この被害にあった米は、黒く斑点をつけるのでよくわかります。「黄緑の田んぼが黄金色の波をうち、美味しい幸せを実らすときまで……」と、石津さんが言っていたことを思い出しました。稲の大敵カメムシは、肥料がよく効いた、葉っぱが濃い緑色をした田んぼを好んで飛び込みます。農薬を使わず、手間隙かけてはんなり黄緑色の葉っぱにして、稲を実り切らせる石津さんの努力は、少しでもカメムシを寄せ付けないためのものだったのです。

人がいて、生産している田んぼの風景が美しいと感じるのは、その風景を保ち続けている裏側で、激しく動く人とモノのいろいろなやり取りがあったからです。

針江を訪れる人は、みんな一様に口をそろえて「美しい所やなあ」と言います。しかし、針江は、決して都市計画のなかでつくられた所ではありません。「おかず捕り」や「米づくり」、「水の使い回し」や「わきまえ」まで、そのありようは、誰かが決めたものではなく、ゆっくりと時間をかけながら水と対話し、世代を超えた水脈にある暮らしのなかから生まれてきた、生活の知恵に映し出されたものばかりなのです。

歴史の歯車をみんなで動かそうと努力してきたことが今につながり、外からの評価といろいろな人たちとのつながりのなかで針江集落の人たちは、次の世代へと足跡を刻みながら、本当の豊かさを日常の暮らしから伝えようと頑張っています。

「カバタの使い方は昔も今も変わってない」と、福田勇さんは言います。長い時間をかけて営々とつくりあげてきた暮らしの仕組みが、今ここにある風景をつくっています。そして、「この風景を残し、次に伝えていくことが今を生きる私たちの務めだ」と言いながら、その表情には気負わない、さりげなさがうかがえました。

カバタは、日常使うことで暮らしを豊かにし、使う人の個性を反映させながら一つまた一つとつながって大川へ注がれていきます。その循環は今も変わらず、親から子、子から孫へとつながる「心の回路」となって、その絶景な針江の生活文化が伝承されているのでしょう。

「自然の水がいいな。夏は冷たく、冬は暖かくて。端池には魚を入れていますが、何より心の癒しになってます。大切にしたいですね」と語るのは、前川たつさんの息子である義輝さんです。たつさんのカバタへの想いが、子の世代へと継がれていました。

「透明な水の美しさ、美味しさは都会の水とは違います。地域の風土にあったこの環境は、これからも変わることはないと思います」と、美濃部勝己さんは、カバタが地域の子どもたちの情操教育の場になってほしいと話していました。

本物の水に囲まれ、さわやかな風がわたっていく贅沢なひとときもまた、針江に暮らす人たちならではの、心豊かな日常にある暮らしの場面です。つくりすぎず、飾りすぎず、古きよき味わいに浸る風流は、見者の一見にも増してカバタを語る人たちの一言に尽きるようでした。そして、何よりも「つないでいく」ことに大きな意味があるのだと感じました。

秋口のカバタには、夏場に食べきれなかった野菜たちが次の役目を待っています。キュウリ、ウリ、ナスなどはいっとき塩漬けにされます。冬に入る前になると、塩漬けされたこれらの野菜をケダシ（塩抜き）して、再び糠や粕などで保存食用として本漬けされます。

カバタは、こうした食品の貯蔵に格好の場ともなっています。保存しておくことは、せっかく丹精込めてつくった野菜をムダにしたくないという人たちの知恵で、「もったいない」からいろいろなモノづくりがはじまるのです。捨てる前に塩漬けにしたり乾燥させてみることも、大切な野菜たちへの思いやりかもしれません。カバタがあるからこそ、昔ながらの手仕事でつくる漬物も身近かなこだわりのものになるのです。

カバタつれづれ

かばた文化

宮田美津子

「水」は命の源です。もし、地球に水が存在していなければ、今いるすべての生き物はここにいなかったのです。世界規模で見ても、針江のようにコンコンと水が湧いてくる所は奇跡に近いことなのです。また、滋賀には琵琶湖という素晴らしい湖があります。山々に降った雨が琵琶湖にたどり着くその過程で「ろ過」されて、飲めるほどきれいな水となり、私たちの暮らしに潤いを与えてくれています。その水を生活のなかに取り入れたのが、「カバタ」という究極のエコシステムなのです。残念ながら、私の家にはカバタがありません。そのため、近くの湧き水を使わせてもらっています。

私が小さいころ、隣の家にも外カバタがあり、いつもおばあさんが湯のみに湧き水を汲んでその水を朝日にお供えして、手を合わせてから毎朝飲んでいたのを記憶しています。「なんでそんなんしているの」と聞くと、「長生きさせてもらってるし、これからも健康でいたいしやで」と、ありがたそうに答えてくれたのを今でも覚えています。

お年寄りからよく聞く言葉でいつも心に残るのが、「させてもらっている」という感謝の気持ちです。今年九五歳になる私のおばあちゃんもよく口にする言葉です。自然の恵みにもっと「ありがたい」という気持ちをもっていれば、おのずとモノを大切にする行動につながるはずです。

子どもたちは、大人のすることを本当によく見ています。未来を担う子どもたちに、今の大人たちは自ら行動することで、本当に大切なものは何かということを示していくべきだと思います。

秋のまんなか

いつのまにか、秋色が描けるような路地の雑草、風の気配、雲のたたずまいが静かに秋の到来を告げ、黄金色に染まった田んぼは今年も豊作を届けてくれました。清涼な澄んだ空気に季節の息づかいを感じながら、一足先に秋を見つけたような気分をカバタの水音に教えられました。

通りすぎる風にのって、カバタからコトコトと湧水の音が小さく聞こえてきます。そっと耳を澄ますと、「家の中にいると聞こえてきませんが、ほんとにいい音ですな。カバタからこんないい音が聞こえてくるとは。長い間使ってるのに、あんたに言われるまでわからんかったな」と、海東真澄さんは驚きました。

真澄さんは、水は火とともになくてはならないものと、災害に備えてきれいな水の確保をこころがけています。しかし、ほとんどカバタを道具として使っていた真澄さんは、初めてカバタの音を聴くという楽しみを見つけたようです。そんな真澄さんのカバタには、〈うちのいい音〉という名前を付けました。

奥様のなみ子さんも、「五月の川はちょっと汚いけれど、秋の川はとてもきれいで、さらさら流れる音が大好きです」と、毎日川を見て、水の音色を楽しむことが生活の一部となっているようです。なみ子さんの大好きな澄み切った大川、その大川に映る高い空、水面に身を委ねるように広がるバイカモの可憐な白い花、川をキャンパスに描く秋色は、日一日とその色を濃くしていきます。

秋の到来は、夏に活躍したカバタの周りをゆっくりていねいに掃除をし、「また、家族のために美味しい水をください」とカバタに向きあう大切な時間ともなります。隅々まで整頓が行き届いて、カバタ小屋には凛とした空気が漂っています。昔ながらの知恵と工夫が息づいているもう一つの台所は、暮らし上手な人ならではの、カバタ仕事の楽しみとしての調度がいっぱい詰まっていました。

温暖化のために天候に異変が起こっているので、石津さんの刈り取りの段取りは温度とにらめっこ、ことなります。一日を三〇度とし、それを積算して一〇〇〇度を目安に刈り取りをすると、おいしい一等級の米が収穫できるそうです。収穫したお米は地元の学校給食として提供されていますが、石津さんと子どもたちの新たな関係性を考える出発点は、水の循環を身近に感じ、モノの循環を社会的に位置づけるこの「美味しいお米づくり」にありました。

石津さんの後を継いで米づくりに挑戦している息子の大輔さんが刈り取っていく機械のそばに、楽園を得たかのようにサギが一羽また一羽と優雅に降り立ってきました。人の気配も何のその、ゆっくりと作業のあとを追うようにしながら何かをついばんでいます。ふと気がつくと、数えきれないほどの大群になっていました。稲株や葉の周りに潜んでいたカエルやイナゴといった、美味しいエサがいっぱいあることをサギはちゃんと知っていたのです。働かずして腹満たす、これもまた人と共存するサギたちの知恵かもしれません。

大輔さんは、今年初めて、都会の人や友だち、地域の子どもたちといっしょに田植えのイベントを企画したそうですが、少しずつこうしたイベントを企画しながら生産者の顔が見える米づくりに夢を膨らませています。

ところで、この稲刈り、昔は「改良早生旭」や「農林一号」などの早生ものの品種が実る一〇月中ごろが刈り取り時期で、「晩生」は一〇月の終わりから一一月にか

稲刈りとサギ（写真提供：石津文雄）

けてが普通でした。早生の刈り取りが終わると、次の刈り取りに入る前にいったん「秋休み」を設けていました。その日は、「秋正月や！」と言って朝から餅をつき、それぞれの家のお嫁さんは「もらい休みや！」と言って、その餅を土産に、実家に帰ってゆっくりと過ごすことが楽しみだったようです。

しかし、年々田植えの時期も早くなり、刈り取りもそれにあわせてここ四〇年で大きく変わりました。手刈り風景がほとんどなくなり、乗用式のコンバインが主流となっています。コンバインに取り込まれた稲穂はそのまま脱穀されていくので、昔のように稲架木《はさぎ》に架けて干すこともなくなりました。手仕事で稲刈りをしていたときは、朝早くから刈り取りをはじめ、それをその日のうちに稲木《はさ》架けまでやっていたので、終わるころにはもう辺りがまっ暗でした。暗い夜道を帰っていくというのも、稲刈りのときには当たり前だったのです。仕事が体形までも変えてしまうほどのきつい、重労働でした。

今は、九月六日の集落の「運動会」にあわせて「秋休み」をし、実家に帰るということもなくなりました。運動会を半日、親睦会を半日と、この日は集落の人たちみんなで楽しく一日を過ごします。

針江集落の運動会は、朝八時三〇分に針江グラウンドに集合し、九時に開会します。その日のプログラムは、区のみんなが参加できるようなボール送りや借り物競争、クイズ形式の○×ゲームなどがありますが、これは必見です。この○×ゲームでは、各組の体育委員さんたちが針江にちなんだクイズを出題するのですが、その答えの正解の多い人が優勝です。また、就園・就学前の子どもたちによる徒競走などもあり、お年寄りから子どもまで、みんなが楽しく参加できるように工夫されています。

それぞれの競技の選手は組単位で出場しますが、中学生のお姉さんやお兄さんたちは、役員に混じって道具運びなどの手伝いをすすんで行っています。運動会は一二時に終了しますが、昼食は各組の体育委員さんの庭先に移動して、参加した人も応援した人も、みんなでバーベキューを楽しむという親睦会になります。

ここで、少し針江集落（針江区）の組織をご紹介しておきましょう。

針江区は、世帯数にあわせていろは順に「い組」から「る組」までの一一組に分けられています。区全体から選出された区長・副区長（会計）改良組合長・改良副組合長・監査役の下に各組の組長がおり、組ごとに一名の体育委員がいるという役員組織で構成されています。また、この組織とは別に、大人衆（一二人衆）、老人クラブ、壮友会と年齢分けされた組織と、区の防災担当として消防針江班（青年団）があります。二〇〇四（平成一六）年に結成された針江生水《しょうず》の郷委員会も、地域の活動組織として加わりました。

郷社の総代一名に地社の日吉神社を守る組織は、総代三名と八講三名、氏子（区民）で構成さ

針江区の組織図

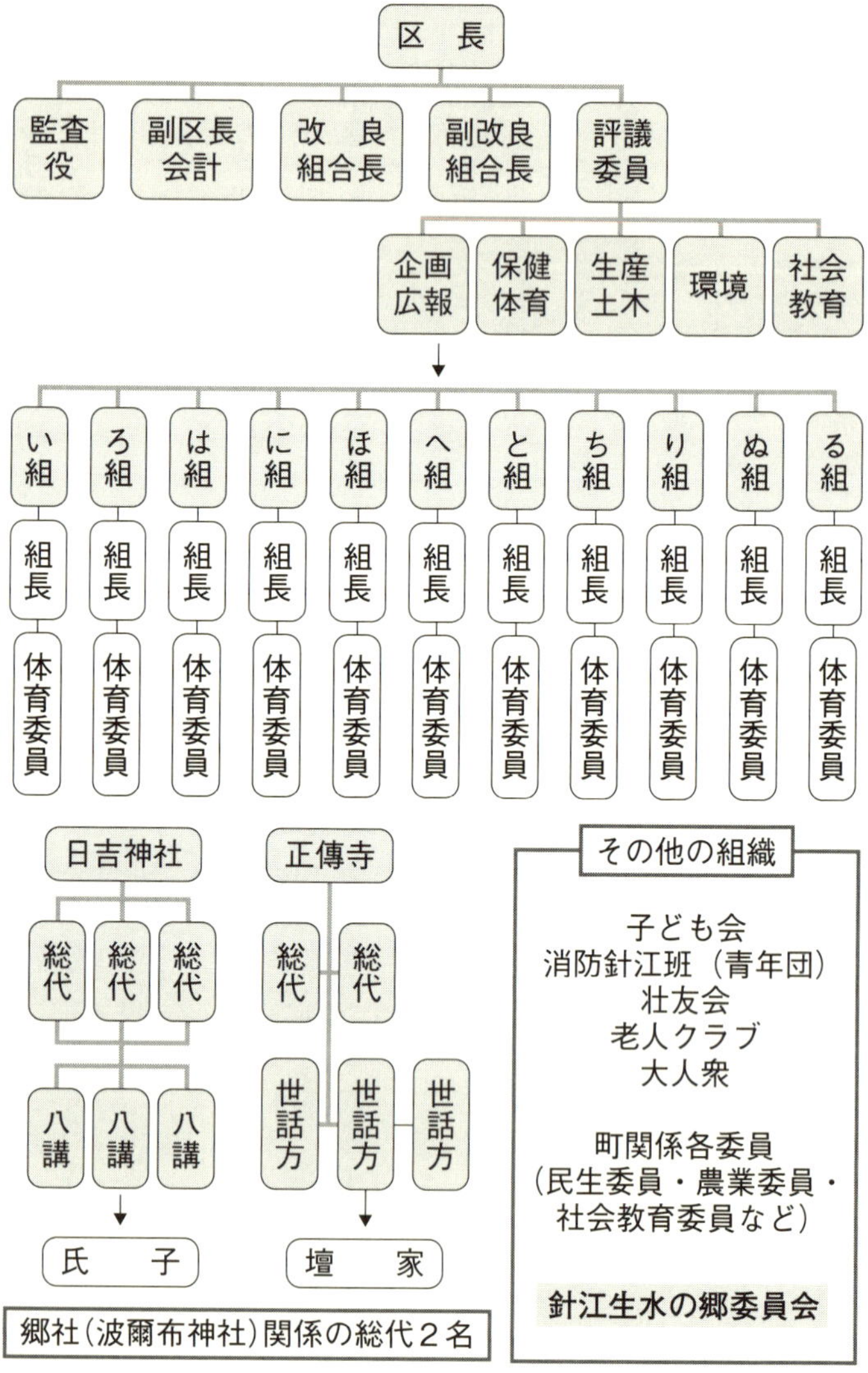
区長
監査役
副区長会計
改良組合長
副改良組合長
評議委員
企画広報
保健体育
生産土木
環境
社会教育
い組
ろ組
は組
に組
ほ組
へ組
と組
ち組
り組
ぬ組
る組
組長
体育委員
日吉神社
総代
八講
氏子
正傳寺
総代
世話方
壇家
郷社(波爾布神社)関係の総代２名
その他の組織
子ども会
消防針江班（青年団）
壮友会
老人クラブ
大人衆
町関係各委員
（民生委員・農業委員・
社会教育委員など）
針江生水の郷委員会

れ、各組の組長が祭事の手伝いも行っています。檀家となっている正傳寺にもまた、総代二名、世話方三名がいます。寺関係の行事は、この五名がいろいろお世話をしますが、組長も手伝います。そして、これらに加えて、町（新旭町）関係の各委員さんたち（民生委員・福祉推進委員・農業委員・土地改良委員・水利委員・社会教育委員・健康推進委員・環境衛生委員・文化推進委員・交通安全協会委員・保育園ＰＴＡ委員・小学校ＰＴＡ委員・中学校ＰＴＡ委員・子ども会文庫委員）がしっかり地区を守っています。

このような組織を中心にして、針江区の諸行事はそれぞれの関係者が主体となって行われているのですが、針江の安全と安心は、こうした役回りを担う人たちの努力と、ここに暮らす人たちの助け合いのうえに成り立っていることを改めて感じました。

「カバタを一番よく使っていたのはおばあちゃんでした」と話す高田一雄さんは、子どものころ、学校から帰ると風呂の水汲みをするのが仕事だったそうです。カバタを大切にするおばあちゃんの背中の記憶が、今、カバタへの愛着となっています。

高田さんは、老朽化した昔の家を壊し切れずにそのままにして、一五年前、近くに新しい家を建てました。最近、懐かしい〈おばあちゃんのカバタ〉に会いに行き、その静けさのなかで湧き続けるカバタの水に、当時のざわめきが聞こえてくるような命を感じたそうです。人は、それぞれに自分の思い出をもっています。高田さんの子どものころの思い出が生きる足場となって生活を支え、水との深いかかわりが生活環境に深く根を下ろしていました。

九月一六日、集落の火の守り神であるアキバさん（秋葉神社）の大祭礼です。前日は、周辺の清掃や幟旗の準備にと、大人衆と言われる世話役の長老たちは忙しくしています。

準備を終えた福田修吉さん（八二歳）は、カバタの水で沸かしたお茶に一服の感謝をしながら、「わしらにとって、カバタは当たり前やと思てます。そんでも、先祖さんが大事に守ってきてくれたカバタの水を『ありがたいな』と、このごろとくに、そ

〈おばあちゃんのカバタ〉（写真提供：高田一雄）

んなことを思うようになりましたわ。このアキバさんは火の神さんです。日々の感謝とお礼としてお務めさせてもろてます」と、飾らない言葉で話してくれました。

「私は、大人衆のなかではまだまだ年配者から習う身です。いろいろなことを教えてもらいながら務めています。バスの道一本もない、集落のもんしか出入りしたことのないこんな集落に、自慢できるもんは何にもないと思てました。それでもただ一つ、カバタだけは小さいころからの自慢でした。美味しいし、クセがないこの水はどこにも負けんと思てます。それが最近、若いもんが『カバタを守ろう!』と声を上げてくれ、いろいろなところで紹介もされて、水への意識も変わってきました。私らでは何にもできませんが、こうした動きが出てきて、自分の想いがみんなの心に伝わっていることを知って、ほんまにうれしいことやなと思てます。ええこと知って死ねますわ」と、福田正勝（七八歳）は次世代に継がれていく安心と期待を笑顔で話してくれました。

森田登久雄さん（七九歳）も大人衆の一人です。森田さんは、「私のカバタは、もう一〇〇年以上にもなると思いますよ。今も変わらず湧き続けてます。そりゃ、ありがたい水です。川から水を取り込んで、コイが元気に泳いでます」と話したあと、終戦後に結成された集落の素人芝居について話してくれました。

「針江には『役者』と呼ばれる人がたくさんいてな、みんな上手やったな。踊ったり、歌ったりと。これがあっちこっちから頼まれて、わしらみんなで『針江劇団』ってな名前をつけてな、大津へも公演に行ったほどやった。これといって楽しみもなかったころ、みんながまとまって、役者ぞろいのええ、村の素人芝居やった。二五年前からはじまった集落の文化祭にいろんな催しが出てるんやけど、この芝居の精神みたいなものが受け継がれたと私は思てます」

針江に生きている人たちはみな、それぞれにすぐれた生き方をしています。一人ひとりの体験を聞き、その人たちの生活を支え、強い信条となっているものは何なのか、生活環境はどういうものであったのかを考えさせられることがたくさんありました。ここに住み、ここで生活してきたことについての確かな記憶は、すべて「カバタ暮らし」に通じていま

祭礼の準備に集まった長老のみなさん（左から、福田修吉さん、清水茂一さん、福田正勝さん、森田登久雄さん）

した。

　カバタから命の水をいただき、田んぼから米を、畑から食べ物を生み出す努力をしてきた人たちの想いは、針江の「湧水と土」を守ることだったのです。

　針江大川は、集落の共同を象徴する大切な里川です。カバタからつながるかかわりの深いこの大川を巻き込んで、一〇月二五日は集落総出の「秋祭り」（文化祭）が催されます。この日、公民館前の道路は全車両が進入禁止となり、たくさんのお店が出店されて、収穫米で餅つきをしたり、老人クラブから提供されたおにぎりと針江自慢のふるさと料理がにぎわいを添えています。

　大地が育む実りと収穫に感謝し、その喜びをみんなで分かちあう秋時は、驚くほどに周

秋祭りに催される新旭町婦人部による湖西太鼓

りと調和した針江の人たちの存在が光っています。

カバタつれづれ

カバタの思い出

吉野茂子

私が生まれたときからあったカバタをこれまで当たり前のように使用してきましたが、こんなに注目されるとは思っていませんでした。小学生のころ、もう五〇年ほど前になりますが、今まで溢れていた所の出が悪くなり、業者さんに来ていただいて三方を竹で組み、その上から鉄管打ちをするという光景を何回か見たことがあります。そのときの掛け声は「ヨーイコラドッコイショ」で、何回ショ、ヨーイコラドッコイショ」で、何回

世代交流でにぎわう秋祭りの様子

も打ち続けていました。幸いきれいな水脈に当たり、生水《しょうず》が出たときは感動でした。

昔、針江大川は農家の交通手段で、田んぼで収穫した籾を舟に積んで上流まで引っ張り上げるのが子どもたちの仕事でした。現在の公民館前にある明生会館が農作業場でした。その川に沿ってある各家の外カバタ、川で唇を紫にして遊んだこと、タライに乗って一寸法師のように川下りをしたことなど、今、明生橋辺りに立つと、そんな思い出がどんどん甦ってきます。

冬どなり

まだ去りやらぬ秋を感じながら背中を押すように吹く風は、確かに息をひそめて待つ冬のいたずらでした。刈り取りを終えた田んぼは一面暗灰色に変わり、時間が止まったように次年のために休みに入ります。この時期、暮らしの風景にも静寂感が漂ってきます。

ちょっと前までお菓子屋さんをやっていたという小畑吉雄さん(八四歳)を訪ねました。少しひんやりとする、内カバタへ案内してもらいました。

きれいに整頓された棚の上に置かれたコップの中に、一本の白い歯ブラシが差されていました。今でも洗面、歯磨きはカバタでしているという小畑さんの几帳面さと水への思い入れは、今も集落の水路掃除を欠かさず続けているという姿勢からも伝わってきました。

「わしの手、ちょっと見てみ。普通の人より大きいやろ」と言ってそっと差し出された手のシワ一本一本に、人生が刻まれているようでした。

小畑さんは、先にも述べたように、針江で菓子屋「菓子吉」を営んでいました。一三歳のとき、安曇川（高島市）で菓子屋をやっていたおじさんの家に丁稚奉公に行き、それが縁で、軍隊時代の知人の菓子屋を手伝うことで技術を取得しました。終戦まもないころ、子どもたちに配給された「ごんぼ菓子」や「まんじゅう」づくりでその技を磨き、一九四八（昭和二三）年一二月、二三歳の冬のある日、念願の針江に自分の店をもつことができました。

当時、一個五〇円の「中華まんじゅう」を専

小畑さんに話を聞く筆者

門につくり、嫁入りの出立ちや法事の際に配る餅や赤飯、そのほかにも「でっちようかん」や「最中」といったものにも挑戦しました。注文はよい日柄に集中します。そんなときは前日から仕込みをして、翌朝早くから仕上げにかかっていたようです。

「冬はな、アンをさわるのが手がうずくほどやった。つめたいというもんではなかったな。カバタに手を入れるとぬくかった。忘れられませんな、あのころのことは」と言う小畑さんがカバタの水でつくったお菓子には、自慢と自信というアンが詰まっていたのではないでしょうか。「アンを炊いたかて、よそには負けんかった」とも語るその誇りは、小畑さんの人生の財産になりました。一代五〇年、菓子づくりに専心した「菓子吉」は、一九九八(平成一〇)年にその幕を下ろしました。

当たり前すぎて自ら語ることがほとんどないカバタとのかかわりは、生まれたときから今日までの人生の記憶のなかにしっかりと刻まれていました。まるで人生のページを一枚一枚めくるように、その物語は続きます。

「うちのカバタは観賞用かな。水はきれいし、美味しいのが自慢です。小学校の五、六年ぐらいまでは、外カバタは館になってたんです。今は観賞用ですが、家の中にある内カバタは今でも用水に使ってます。生まれる前からあるカバタと、二〇年ぐらい前に掘った二本のカバタがあります。昔は、朝晩、お日さまに向かって拝んでいました」と話してくれたのは田中義孝さんです。水の神さん、火の神さんに守られている暮らしへの感謝を、カバタへのお供えと「愛宕さん」への礼拝に込めていました。

ご自慢の外カバタは、季節ごとにその美しさを見せてくれます。とりわけ、晩秋から冬にかけて水面に落ちて舞うひとひらの紅葉をじっと眺めていると、心に染みてくるような味わい深いものがありました。

田中義孝さんの観賞用カバタ

カバタつれづれ

針江と私の五年間

髙田拓朗

五年目の秋

「あっ、髙田君、そこに柿があるから持っていき」

「うわ、いっぱいありますね、おおきに」

「それで結婚いつや、お嫁さん連れてここに住みさ」

「来年の春ですわ、住みたいけど、どっかいいとこないかな……」

大学の調査をきっかけに針江とかかわるようになって五年目の秋、こんな会話が当たり前にできるようになっていました。それは、明らかによそ者ではなく、身内的なものとして受け入れてくれている会話でした。京都から車で約一時間、「遠いな」と思うことはほとんどありませんでしたが、五年目にして、それがもっと近くに感じられるようになりました。

一つの問いかけ

学生のころ、担当教授から一つの問いかけがありました。それは、「この土地で住みたいか?」ということでした。当時の私の答えは、「わからない」という曖昧なものでした。とはいえ私は、針江に「古き良き日本の暮らしがギュッと詰め込まれている」という漠然な印象はもっていました。それは、今もなお使われ続けるカバタ、針江の至る所に残された先人の知恵、信頼と思いやりの人と人のつながりが見えていたからです。それが、「自分もこんな場所に住んでみたい」という憧れになっていたのだと思います。

実際、仕事はどうするのかという経済面の理由以上に、これほど魅力あふれる針江で「本当に暮らすことができるのか」という不安が私を曖昧にさせていました。針江は、私にとってまぎれもなく「すごい所」でした。そのすごさに向きあって暮らしていけるのだろうかという問いかけが、自分自身にいつもあったのです。

自分にとって身近な針江

今もなお「すごい所」という思いに変わりはありませんが、以前とは少し違ったところがあります。それは、調査に行った最初のころから、いつも変わらず迎え入れられていたことに気づくようになったことです。そんな思いをもつようになると、これまで以上に針江やそこに暮らす人たちを身近に感じるようになりました。だから、今同じ問いかけに答えるとしたら、「住んでみたい」と言えます。

よそ者であった自分に対して針江の人たちは、当時も今も、日常の目線で迎え入れてくれていたことに気づくことができました。それが、私の五年目の秋でした。

冬のまんなか

花の少ないこの時期、そっと赤い実をつけるアオキは庭先の片隅で静かにその存在を主張しています。日陰でも茂るので、屋敷の北隅によく見かけます。一方、葉を落としつくした木々が寒々と立ち尽くす姿は、季節の静けさが集落いっぱいに広がるような風景に変わります。

一一月の終わりから一二月初めにかけて、女性たちの冬仕事は、味噌づくりや漬物づくり、干し柿づくりにと忙しくなります。それぞれの家庭でひと工夫された保存食です。とくに漬物づくりは、毎年同じ要領でも、その年のお天気の具合で微妙に野菜の生長が違ってきます。それでも、だいたい前年の段取りを目安にしてはじめています。この時期、水仕事の多い女性たちは、カバタの水の暖かさに救われています。

「昔は、隣もその隣もみんなしんぼう、しんぼうで、私だけやないんで『こんなもんや』と思てたから、そんなに大変なことやとは思いませんやった。水はぬくいけど、カバタでの仕事はやっぱり足元からジーンと冷え込んできますからな」と、清水陸子さん（七七歳）は言います。陸子さんの外カバタの最上段の棚には、大きな漬物桶が一〇個ほど並べられていました。昔は大家族で、この桶すべてにダイコンを漬けるのが年中行事になっていました。

安曇川から嫁いできた陸子さんは、姑が漬物づくりをするのを横で手伝いながら清水家の味を習いました。たくあんは、「冬用」、「夏ごえ」、「春用」と三つに分けて漬けます。冬に食するもの、春に食するもの、そして夏ごえは夏以降に食します。九月から一〇月が一番漬物が不足する時期なので、夏ごえは塩をよく効かせた浅漬けもするそうです。

嫁いで一五年目に、初めて姑から任されて陸子さんの仕事になりました。「九月に種蒔いて一一月末に収穫します。昔はハクサイがなかったので、ダイコンとカブラですかな。カブラはここらで採れる『万木カブラ』ですわ。一二月のかかり（初め）から漬けます。畑から抜いてきて、家の前の川（小池川）で荒洗いしてな、清洗いをカバタでするんです。裏庭に稲架木《はさぎ》をつくって、一週間ほど干してから、三つの桶にそれぞれ六〇本を漬け込みます。みんな、この

清水陸子さんの〈漬け物仕事のカバタ〉

カバタで作業するんです。三つの桶は、それぞれ先に食べるもん、春に食べるもん、夏に食べるもんとに分けて、糠と塩の加減で調節するんですわ。先（冬）のもんやと糠を多めに、塩は二升ほどにして、春やと塩は二升五合で糠はちょっと少なめに、夏のもんは塩を三升ほどにして糠は少しという具合にな」と、その段取りの確かさは代々受け継がれてきた清水家ならではのあんばいでした。

　漬け込みが終わったあとも、温度管理や重石の加減に目配りを欠かせませんが、カバタはその管理に格好の場所になっています。今、陸子さんの漬物仕事は、桶に一つ分と糠漬けと塩漬けのハクサイが少しとなり、昔に比べればその量も減りました。しかし、先祖から受け継いだ伝統と自慢の味は、美味しいご飯の脇役として、毎日の食卓のご馳走になっています。

カバタつれづれ　ちょっと「おじゃま」させていただきました

三宅　進

　カバタの水を飲みに来ていたわけではないのでしょうが、最初は、主屋と東側の新築の小屋の間でタヌキが丸くなっているのを発見しました。そのとき写真を撮ったはずなんですが……。とにかく、夜中にゴソゴソと音がするんです。家を建て替える前にもいろいろなものが侵入していたんですが。もうだいぶ寒くなってきて、冷える晩にはほとんど毎日ゴソゴソと音がするんですよ。年配の人に会うたびに、タヌキ退治はどうしたらいいのか聞いていました。しかし、みんなは「タヌキやったら可愛いやないか」と言って取り合ってくれませんでした。

そのうち、会社から帰って家に入るとなんか妙な臭いがするようになって。しばらくは、そんな何とも不思議な日が続いたある冬の晴れた日、嘉子ばあちゃんが足に湿疹が出て「かゆいんだ」と言い出しました。そう言えば、私もなんか靴下の足首あたりがこのごろ妙にかゆくて、靴下に手をかけると何か小っちゃなものが跳ねたような気がしました。うわっ、また跳ねた。嘉子ばあちゃんが「それノミちゃうんか」と言って家じゅうで大騒ぎになったんです。

イタチが、ちょっと「おじゃま」します（写真提供：三宅進）

それから、今度はネコです。ネコが子どもを四匹も産んで、うちで子育てです。いろんなことが立て続けに起こりました。みんな元気になって家から出ていきましたが、命の水を飲んだんでしょうかね。最後はタヌキやネコの後片付けですわ。一階と二階の天井裏からタヌキの糞や、くしゃくしゃになった断熱材のグラスウールがいっぱい出てきて、市の回収ゴミ袋二枚分になりました。

その後、これでおしまいかと思いきやイタチさまがお見えになったりで、まだまだ治まっておりません。次々とお越しいただいております。わが家の水が美味しいのでしょうかね。さて、次のお客様はどなたでしょうか。

針江の女性たちにとってはそこにあって当たり前のカバタ、それだけに、カバタの少しの変化も見逃しません。

「最近、水の出が悪くなったようだ。地震の前触れやろか」と、あちこちで声が上がりはじめたのが、二〇〇八年一一月のことでした。

三五郎さんの奥さんであるチカ乃さんは、「朝起きて顔を洗おうとカバタに来てみたら、壷池の水がゴソッと減っていて、いつもの半分になっていました」と、そのときの様子を話してくれました。

「次の日には、元池から出てくる水が割り箸のように細って、『これは止まるな』と思いました。コイもたくさんいるので、もう一つの元池からポンプで上げてこの壷池に水が入るようにしました。それで助かりましたが、どうやろな、かれこれ三か月ほど止まっていたんと違うやろかな。お正月は、このポンプで上げた水を使わせてもらいましたわ」

先にも述べたように、チカ乃さんの家ではすべての用水がカバタ利用という、まさに台所であり洗面所であり、コイやフナ、ヨシノボリなど、大切な生き物の居場所としてなくてはならないものです。カバタへの絶対的な信頼と感謝は、「涸れるということは絶対ないと信じてます。そんでも、近ごろのお天気はな、自然にはどうすることもできんしな。去年は雨や雪が少なかったからな」と、安心の裏側にのぞく不安の一言でした。

西のほうから東へと、集落の三割で湧水が出なくなるという異変は針江の人たちを脅かし、大きな不安を招きました。幸い元池には水があり、その水が壷池に上がるほどの水圧がないというギリギリの状態でした。今ではたいていの家がポンプで揚水をしているので、生活に影響を及ぼすまでには至りませんでした。チカ乃さんの所で三か月、上原豆腐店あたりで一か月、集落の中心あたりで数日間続いたこの涸水状態は、年が明けた二月の終わりごろになってやっと元の状態に戻り、みんなの暮らしに安堵感が戻ってきました。

湧水が出なくなるという現象はその年の一〇月にもあり、周辺集落でも、一部で井戸水が出なくなるという現象が起こっていました。その原因はいまだに解明されていませんが、湧水を利用した「カバタ暮らし」に不安の影を落とした大きな出来事でした。

「改めて、カバタのありがたさと水への感謝が深くなりました。当たり前のすごさというのか、水は本当に大事なものですね」と、美濃部武彦さんは戻ってきた生水《しょうず》を手にとって、安堵の気持ちをしみじみ語っていました。常に水があるという安心感に満たされると危機感もなくなりますが、このようなことが起こると、「どうしたらいいのか、これではいかん……」というように、もしものときの対策にみんなの気持ちも引き締まります。

一年の歳月は早いもので、一二月に入って暮れも近づいてくると、いよいよ針江の伝統行事の一つである注連縄《しめなわ》づくりがはじまります。秋に収穫した、もち米の稲藁の出番です。

かつては、毎年一二月二〇日ぐらいに集落の役員と日吉神社の宮総代三名、そして八講三名でつくっていましたが、今では集落の人びとにも参加を呼びかけて注連縄づくりを伝承していくための講習会を兼ねて行っています。縄が編みあがると飛び出した毛羽を火であぶり、最後に焦げあとをこするときれいにできあがります。時の流れにこころをとめながら、みんなの共同作業でつくられた長い注連縄は日吉神社に奉納され、短いものは公民館に飾ります。こうした作業で体を動かしていると、だんだん新年が近づいてくるという改まった気持ちになると言います。

みんなで心と力を合わせて行うもう一つの作業は、門松づくりです。公民館の門松は集落の役員、日吉神社の門松は宮総代と八講が分担してつくっています。竹を束ねる黒いシュロ縄が曲がっていないか、物差しで測るほどのていねいな仕事ぶりです。つくるのは年末ぎりぎりになってからですが、気ぜわしい年末の押し迫った時期にも、こうして集落のために役割を担ってくれる人がいるということは心強いことです。一年の無事に感謝し、みんなで迎える新しい年を待つ集落の身支度が整いました。

行き交う人たちのあいさつも、「寒くなってきたな。もう正月の準備はできたか？」と、ちょっとした気づかいを見せながらゆく年を惜しんでいます。

注連縄づくり

カバタつれづれ　冬のかばた

福田千代子

薄暗い冬の朝、湧き水のカバタには湯気が上がっています。一月一日に汲む若水は、カバタの水を汲み神仏にお雑煮とともにお供えをします。カバタの入り口に門松を飾り、一年がはじまります。

雪の降る朝、雪かきをして、かじかんだ手をカバタに浸けると元に戻ります。冬は温かく感じる水、水神様とともに生き続ける大切な水を守り通さなければと、またこころを新たにする瞬間です。

雪の水車（写真提供：高田一雄）

10 「モッタイナイ」のこころをみんなで

「すごい」、「すごい」と言われて、見直してみたらすごかった。これが、針江の人たちの素直な感想です。外からの評価で変わってきた針江集落の人びととカバタ、自然と向きあいながら手配り、気配り、心配りをしてつくりあげてきたこの風景こそ、里山・針江の風景です。

針江には一二〇か所（含湧水地）以上のカバタがありますが、その形態はこれまでに見てきたようにさまざまです。それぞれの心に刻まれたカバタへの想いを分類すると、屋号系、暮らし系、生き物系、景観系、仕事系、癒し系、水神系、遊び系などに分けることができました。しかし、カバタと生きてきた人たちすべては、今、目の前にあるカバタの存在を「ありがたいです」と言い、「水によって、人も自然も生き物もみんなつながっているんです」と同じ言葉で語ります。

〈親の代からずっと使い続けているカバタ〉〈湧き水しか飲まんと言い切るおばあちゃんのカバタ〉〈姑に教えられて守っているカバタ〉〈あって当たり前のカバタ〉〈夏の暑い日の勉強場のカ

バタ〉〈猫も大好きのカバタ〉〈漬物と深い仲のカバタ〉〈気に入ったものは修理して使い続けるというカバタ〉〈文句なしにありがたいカバタ〉〈ちょっといっぷくのカバタ〉〈暮らしの入り口のカバタ〉〈花をいろどるカバタ〉〈風を感じるカバタ〉〈世代で継がれたカバタ〉〈オアシスのカバタ〉〈主を待つカバタ〉〈主婦の相棒のカバタ〉など、ここに生きてきた人たち一人ひとりの物語は、これからもここで生きていくことを前提として、それぞれの記憶のなかに新たな歴史が綴られていくことでしょう。

生き延びるだけのカバタであってはいけないと思います。この針江ブランドのカバタに価値をつけながら、どう育ちあっていくことができるかがこれからの大きな課題です。カバタは生きているのです。ゆっくりと時間をかけなが

暮らし系のカバタ

ら対話をし、もっとこころを通わせながら信頼をより深め、水と人のかかわりにあるさまざまな日本の水文化を世界に向けて発信していってほしいと思います。

水と文化研究会のメンバーは、二〇〇一年から二〇〇三年にかけて海外の水利用調査のために東アフリカのマラウイに行きました。マラウイ湖に沿って四キロメートルほどの湖辺に、五〇〇人ほどが暮らすチェンベ村という集落があります。マラウイ湖は琵琶湖の約四五倍の広さなのですが、そこには、ちょうど昭和三〇年代後半の琵琶湖岸の暮らしを思い起こさせる風景があったのです。顔を洗うのも、歯を磨くのも、鍋釜を洗うのも、洗たくするのもすべてこの湖です。もちろん、体もこの湖で洗っています。

ここに暮らす人たちにとっては、湖が台所であり洗面所なのです。電気もガスも水道もないこの村で女性たちは、夜が明けると頭の上にバケツをのせて湖へ行き、昨晩使った食器を洗い、今日飲む水や炊飯のための水を汲みます。命の水ですから、一滴も無駄にすることはありません。子どもたちは湖辺で楽しそうに魚をつかんでいますが、つかんだ魚は晩ご飯のおかずになるのです。

湖から汲んできた水は壷に溜められ、蓋の上にコップを伏せて家族で大切に飲んでいます。一日の飲み水の量はどれくらいかと尋ねると、バケツで二回汲んできた水が家族五人の一日の飲み水になるということでした。その量は、私たち日本人の一人が一日に飲む量よりもはるかに少ないものでした。

二〇〇二年二月一四日に来日したノーベル平和賞を受賞したケニヤのワンガリ・マータイさんは、インタビューのなかで「日本には資源を効率的に利用していくという文化があります」と語ったあとに、「モッタイナイという素晴らしい日本の文化を世界にも広めたい」と結んでいました。

また、二〇〇三年の「世界水フォーラム」で滋賀県を訪れた世界水会議副理事長のコスグローブさんは、二〇二五年にやって来るであろう水の危機に備えてのインタビューで、日本の水利用の工夫と伝統を大切にしてきた歴史に

マラウイ湖辺での生活風景

注目し、伝統を守り、管理できれば水の危機を乗り切れるという話をしていました。

私は、これまで水環境調査を通していろいろな人と出会い、多くの人たちから聞き取り調査をさせてもらいました。それぞれの人の記憶に生きている暮らしの記録をていねいに掘り起こしていくとき、先人の経験に基づく知識の集積がいろいろなものを大切にし、一物を多用に使い回すことを当たり前としていたことに気づきました。最後の一滴まで、有用な水として生活システムのなかで使い回すというその合理的な精神こそが、「モッタイナイ」、「感謝して」のこころにある「使い回しの文化」を生み出し、水使いの「わきまえ」がこころを豊かにしていたこともわかりました。

過去に後戻りができない今、私たちが忘れかけていた「モッタイナイ」のこころにある水の大切さを改めて暮らしのなかで考えることを教えてくれたのは、今現在も日々の飲み水に苦労しているケニヤからの発信でした。このことを深く受け止め、針江の「カバタ文化」が世界の水不足への重要な知恵になる可能性があるということを、みんなで問い直してみたいと思います。

おまけ　カバタのつぶやき

この年になってデビューとは恥ずかしいものです。芸能人じゃあるまいし、今さら売れっ子になっても、私たちはこれからも同じように生きていくだけです。

といっても、昔はちょっと寂しい思いをしたことがありました。しかし、このごろはとても大事にしてもらっています。

世の中では、「常水文化の衰退」とか「使い捨てが水の汚れを加速させている」とか言っているようですが、私たちのようなものが、ささやかに、したたかに頑張っていることを忘れないでいてくれるかぎりは人さまにもそれが伝わるはずだし、まだまだ捨てたものではないと思っています。

いつもきれいに咲いた花を持ってきてくれるし、お正月にはたくさんのお供えも持ってきてくれます。いつもいっしょにいるので、私たちがここにいて当たり前と思われていることのほうが多いかもしれませんが、私たちに何かあればみんなは大騒ぎし、私たちの話題でもちきりになります。存在感がないようでも、実はみんなの健康と命を支えている私たちは、黙して語らず、ちょっと幸せな気分です。

しかし、文明とは厄介なもので、私たちのようなものは「時代遅れ」と言われて世間さまから敬遠されて、人さまには見る目がないのかな、と思うときがあります。私たちの本当の値打ちもわからないくせにと、少しは愚痴ったりもしたくなります。

私たちの仲間も最近ではすっかり少なくなり、一生懸命働いてきたのに寂しい生涯を閉じました。それでも、私たちが必要とされていたころは、毎日のように人さまがやって来て、野菜を洗ったり、鍋釜を洗ったり、洗たくをしたりと、それはそれは楽しくみなさんとお話をさせてもらいました。そりゃ、とてもよい関係でしたよ。

しかし、便利なものができたらしく、人さまの暮らしもハイカラになったんですね。私たちのような田舎者はすぐに忘れられてしまい、いつのまにか日の当たらない場所に追いやられてしまいました。新しいものがよくて、変わらないものは古くさいとか言って、あっさり捨ててしまう人さまの身勝手さはこれからも続くんだろうと思います。

今は、何でもかんでもグローバル時代の競争社会、そのツケで地球がおかしくなる前に人さまのほうがおかしくならないだろうかと心配しています。それでも最近は、私たちと仲良く過ごしたあのころが懐かしいとか、私たちとの時間を取り戻したいというようなことがあちこちで囁かれるようになりました。

それにしても、針江は私たちにとっては天国です。ここの人たちは私たちを大切に思ってくれているし、うれしくなるようなさまざまな言葉をかけてくれます。つい先日も、「この水を涸らさんといてくれよな。琵琶湖とつながってるんだからな。頼んだよ」と、私たちの相棒である三五郎さんがじっと見つめながらやさしく言ってくれました。正直、そのときは泣けてきました。

私たちには、ヨシノボリやコイやフナ、キンギョなどの友だちがいつもいっしょにいますが、ここにいるかぎり、みんなとても幸せに暮らしていけると思っています。私たちは人さまに添い、暮らしに添い、そして時代に添って先祖からの響きを受け継ぎながら今日まで来ました。その人生には、ただひたすらに人さまを愛おしみ、人さまを見つめて一〇〇年、いやそれ以上の日々を重ねてきたという自信と誇りがあります。

私たちがなぜここに居続けているか、ですって。それは、ここに住む人さまが私たちの存在意味をよく知っているからですよ。

モノの形とこころは深くつながっている、と信じています。よそいきだけの私たちではなく、飾らない、普段の私たちを見てほしいと思います。これからも、私たちの深いこころと目で人さまを見つめ、愛おしみ、人さまの声に耳を傾けながら寄り添い、ともに進化するおおらかさをつくっていけたらいいなと思っています。

日本の生活文化の良さを、ほんの少しでも次の世代に伝えていくというお手伝いができればどんなにうれしいことか。人さまともっと親密にかかわり、佇むだけで凛とした清々した私たちの姿に惚れてくれたら、もっと私たちを愛しく感じてくれると思います。

本当にお互いがわかりあえたら、多くの人さまが私たちの仲間の存在にも気づいてくれるのではないでしょうか。


みなさんは「椅子取りゲーム」をご存知ですよね。椅子を丸く円状に並べ、その周りを音楽にあわせて歩きます。笛の合図で椅子に座るの

私に会いに来てください

ですが、そのとき一つずつ減らしていって、最後に残った一つの椅子を奪いあって最後に座ることができた人が勝ちというゲームです。

でも、私たちの夢は、最後に残った一つの椅子にどうしたらみんなで座ることができるかを考えることです。

みんなの生きる力になり、最後の一滴まで心に染みる「カバタ」でありたいと願っています。針江の人たちと夢を語り、希望をつくりながら私たちはここに生きています。あなたに会いたい私たちがここにいることを、忘れないでください。

あとがき――針江という処

　針江という処は、日本のどこにでもある普通の村集落です。しかし、どこにでもありそうで、実はどこにもない不思議な魅力を秘めた集落なのです。それは、時代や環境の変化によって取り残された不要なもの、誰もが使わなくなったものを「集落の宝もの」にしてしまうすごさと、「人をその気にさせてしまう技」をもっています。

　たとえば、延び放題の手入れの行き届かない竹やぶ、その放置された竹やぶを集落の人たちはていねいに手を加えながら整え、伐採した竹を湧水の「利き水用のコップ」に役立てています。また、その竹をコップに加工するのは、長年竹やぶを守ってきたお年寄りたちです。節ごとに一〇センチほどの長さに切り、吸い口をきれいに丸削りされたコップには、飲み手の口にやさしく、ほんのりと竹の香りを感じながら喉越しさわやかに落ちていくといった配慮がされています。

　年間一万人近くの人たちが湧水に潤う集落を訪れ、コップを手にし、利き水をしながら集落を散策したあと、お土産としてそれを持って帰ります。毎月、たくさんのコップが事務所に運び込まれます。また、夏の風物詩、針江大川沿いでの「流しそうめん」には竹のトイと箸が使われています。針江の人たちのこうした取り組みは、着実に竹やぶ再生に向けられています。年四回（三月・五月・七月・一一月）の川掃除は集落総出の流域清掃ですが、大変な労力と時間を費やします。とくに、七月の第四日曜日に行われる清掃作業を「藻刈りツアー」と名づけて体験型にしようという発想は、「誰にも強制しない、けれど人は集まる」という見事な仕掛けで、いつのまにか人が集まっているという「苦」から「楽」の逆転効果を生み出しています。

用意された胴長（靴、ズボンが一体となった、胸まで届くゴム製の防水衣）や鎌や軍手を身につけて、ワイワイ、ガヤガヤとみんなでやれば楽しい協働作業になります。何よりも、針江の人たちのまとまりが訪問者を魅了し、その結果、水の循環を体で理解してもらおうという、見て、聞いて、触って感じる「エコツーリズム」として実践しています。

インターネットの呼びかけや口コミで集まった大学生などの参加者にとって、作業後に振る舞われる地元のお米でつくったおにぎりや流しそうめんは大きな感動となり、食を介して交流するまたとない機会として人気を呼んでいます。一つの事柄を通していろいろな人たちがつながり、融合しながら楽しい行事に変身させるという針江の人たちの「人情」に驚かされます。

針江の人たちのまとまりを一番よく表しているのは、実りの秋の収穫期、一〇月二五日に開催される集落総出の「秋祭り」ではないでしょうか。

先にも述べたように、針江大川沿いの公民館前が会場になります。子ども会や小中学校の父母会、区役員の奥さんたちや健康推進委員さんたち、壮友会から老人クラブ、そして針江生水《しょうず》の郷委員会と、各会所属の会員たちが早朝よりテント張りやご馳走づくりにと、それぞれ分担した作業に大忙しです。地元で採れた食材で郷土食づくりに腕をふるう人たちや、浜から採ってきたヨシで笛づくりの講習をするために、二〇センチの長さに切ったヨシを準備している人の姿もあります。会場中央に張られたテントには、テーブルと椅子が並べられ、お年寄りの人たちの席がつくられています。

この日は、お年寄りから子どもまで、みんなで楽しい時間を過ごします。あれやこれやと工夫した郷土自慢の料理がテントの中に並べられ、会場中央の横には、老人クラブによる「餅つき」の準備も整っています。さあ、祭りの本番です。収穫の喜びと感謝は集落あげての食の文化祭となり、世代を超えた交流の場となります。

新旭町の婦人部で結成された「湖西太鼓」（二一一ページの写真参照）が景気づけの太鼓を打ち鳴らし、傍では清水泰雄先生の指導でたくさんの人たちがヨシ笛づくりに興じています。大川の橋に腰をかけて、振る舞い、振る舞われのほろ酔い気分のおじさんたちが楽しそうに話をしています。

お昼をすぎると餅つきがはじまり、おいしそうな餅の振る舞いに行列ができます。それぞれがそれぞれの特技を持ち寄り、車両進入禁止の大川沿いの広場は、にぎやかな笑い声が秋晴れの空に舞う豊日となります。

地域の活性化、元気づくりは、こうした地元の人たちの内発的な活動からはじまり、水という資源を共有しながらお互いが深くかかわりあっています。地域に根付く自主的な「結い」（助け合い）のこころは、祭りのはじまりに出される「防災なべ」にも結集されています。

「防災なべ」は、針江生水の郷委員会の婦人部の人たちが、災害時に備えて集まった人たちに振る舞う「炊き出し」です。針江生水の郷委員会の発足時から行われているこの「炊き出し」は、もしものときに備えて一〇〇人分の豚汁をつくり、大きな模造紙に書かれた材料と料理のレシピは、みんなが共有できるように、当日、会場正面にも貼り出されます。

集落総出のこの「秋祭り」は、世代を超えた交流によって地域社会の縦のつながりを育んでいます。また、こうしたつながりが育まれることによって、災害発生時に頼ることができる現場のつながりが生まれるということが大きな期待となっています。

災害にかぎらず、環境保全や福祉活動など、日常の暮らしのなかで異世代のつながりを育みながら地域の「社会力」を養っていたのです。針江集落の人たちのこうした取り組みは、自ら守り、みんなで守るという暮らしの安心に裏づけされて、「無理をしないで、強制しないで、いつのま

針江生水の郷委員会　「2009秋、食の文化祭作品リスト」

NO.	品　　目	材　　　料
1	あめのうお飯	ビワマス、米、油揚げ、竹輪、人参、椎茸、しょう油、みりん
2	赤豆ごはん	赤豆、もち米
3	鯖寿司、みょうが寿司	鯖、みょうが、米、酢、砂糖
4	くるみパン	くるみ、小麦粉
5	豆腐グラタン	豆腐、みそ、バター、小麦粉、卵、チーズ
6	おからコロッケ	じゃがいも、おから、パン粉、卵、小麦粉
7	鮎のしょうゆ煮	アユ、しょう油、砂糖、みりん
8	えび豆	えび、大豆、しょう油、砂糖、みりん
9	さつまいも煮	さつまいも、砂糖
10	豆腐の白和え	豆腐、こんにゃく、人参、ほうれん草、ごま、砂糖
11	ズイキの酢の物	甘酢和え、ごまみそ和え
12	しば漬け	きゅうり、なすび、かぼちゃ、みょうが、とうがらし
13	キューちゃん漬け	きゅうり、しょう油、みりん
14	おはぎ	もち米、小豆、きな粉
15	よもぎ餅	もち米、よもぎ、小豆、砂糖
16	ゴーヤかりんとう	ゴーヤ、砂糖

福田千代子さん作成。

にぎわう秋祭り

にか人が集まっている」という不思議な魅力を発信しています。

恵みの水に感謝し、恐い水に備えて助け合うという集落の連携は、外から多くの人びとを受け入れるなかで自分たちの暮らしを再発見し、地域のあるもの探しから、モノづくり、人づくりへと展開させています。

小学校四年生の夏、母が急に「今度、どこかへ遊びに連れていってあげよう」と言い出しました。毎日忙しくしている母から、こんな言葉を聞こうとは思っていませんでした。田植えや草取り、稲刈りの手伝い以外、母といっしょにいたことがなかった私と二歳違いの姉はとても驚きました。

「どこへ行きたい?」と言う母に、私は「比叡山へ行きたい!」と答えました。そして、その年の夏の終わりに、日ごろのお手伝いのご褒美にと新しいワンピースを買ってもらい、それを着て比叡山に登りました。頂上から眺める初めての琵琶湖の景色に、「こんなとこに住めたらいいな……」と、驚きというより海のような大きな琵琶湖に吸い込まれるような気持ちになりました。このとき、初めて琵琶湖と出合ったのです。

比叡山を選んだ理由は、小さいころから昔話のように「コー(私のあだ名)が生まれた所は、大昔、琵琶湖があった所やで」と母に聞かされていたので、どんな所か見てみたかったのです。

母の実家は、伊賀の大山田という所です。

それから二〇年、結婚を期に滋賀県に移り住むことになりました。念願の琵琶湖で暮らすことができたのです。ここで、当時、琵琶湖博物館にいた嘉田由紀子さんと出会い、それ以来二〇年のお付き合いをさせていただくことになりました。折りに触れいろいろな調査をいっしょにさせていただくなかで、歩く・見る・聞く・知る・考えるという楽しみを教えていただきました。その後、熊本県水俣で「地元学」をはじめていた吉本哲郎さんに出会い、調査に同行させていただくなかで「ないものねだりからあるもの探し」の基本理念を学びました。

滋賀県ではじめた地元学の原点ともいうべき針江での「あるもの探し」は、今年で八年になります。何度も通っているうちに湧水を利用したカバタ暮らしのすごさも当たり前になっていた私に、昨年「カバタの本を書いてみませんか」というお話をいただきました。少し迷いましたが、地元の方にいろいろとお世話になったにもかかわらずそのお返しができていないことに気づき、今回このお話をお受けして、針江を紹介させていただくことで多少なりとそれが果たせるのではないかと思いました。

改めて針江の人たちや自然と向きあい、地域に内在しているさまざまなものを少しだけあぶりだすことができたと思っています。豊かさはモノやお金ではないこと、考えて、モノをつくる技を教えてくれる人たちがいること、自然が元気であること、そして何よりも、ここに暮らす人たちがいつも前向きに、明るく生きていることで元気な針江の生活が続けられているのだと確信しました。

「針江 生水《しょうず》の郷委員会」のみなさんの取り組みは劇的でした。地元の人以外、ほとんど誰も来なかった所にこれまで二万人近い人が訪れ、二〇〇八（平成二〇）年には「平成の名水百選」にも選ばれました。地元にある当たり前のすごさを知り、これを国内だけでなく世界に発信しながら、自分たちの暮らしを自分たちで守っていく力を結集しています。

進歩の陰で退化しつつあるものをもう一度見つめ直すことの意味、それが今の私たちに求められていることだと思います。一人ひとりの足元にあるものを見る目と、その人たちが生きてきた過去を振り返りながら、今あるものの価値や意味について問い直すことから次への一歩を切り開かなければなりません。ついつい忘れてしまいがちなモノに今を生きる大きなヒントがあることを、みんなで考えることができればいいなと思います。

最後に、出版にあたって大変お世話になった株式会社新評論の武市一幸さん、嘉田由紀子さん（滋賀県知事）、「針江生水の郷委員会」の美濃部武彦さん、会長の山川悟さん、田中義孝さんをはじめとする会員のみなさん、写真を提供していただきました橋本剛明さん、三宅進さん、高田一雄さん、前田典子さん、海東英一さん、取材協力では田中三五郎さん、石津文雄さん、調査に協力していただきました福田千代子さん、京都精華大学の学生のみなさん、前田晴美さん、高田拓朗さん、針江区のみなさん、そして本書に登場いただきましたみなさまに改めて心からお礼を申し上げます。

まだまだ、針江の奥深さには至っていないと思います。私の筆力不足をお詫びするとともに、「シリーズ近江文庫」の一冊に加えていただきましたことを、「たねや近江文庫」のみなさまに厚く感謝申し上げます。

二〇一〇年　六月　深趣に想うカバタ小屋にて

小坂育子

参考文献一覧

・鳥越皓之・嘉田由紀子『水と人の環境史』御茶の水書房、一九八四年
・嘉田由紀子『水辺ぐらしの環境学』昭和堂、二〇〇一年
・杉本尚次『日本民家の旅』日本放送出版協会、一九八三年
・「琵琶湖」編集委員会『琵琶湖――その自然と社会』サンブライト出版、一九八三年
・風車の町の女性史づくりの会編『湖の辺女ものがたり』風車の町の女性史づくりの会発行、サンライズ出版発売、二〇〇二年
・嘉田由紀子・遊磨正秀『水辺遊びの生態学』農山漁村文化協会、二〇〇〇年
・水と文化研究会編『みんなでホタルダス』新曜社、二〇〇〇年
・高島市教育委員会編『高島郡誌』高島市教育委員会、一九七二年
・嘉田由紀子『環境社会学』岩波書店、二〇〇二年

「シリーズ近江文庫」刊行のことば

美しいふるさと近江を、さらに深く美しく

海かともまがう巨きな湖。周囲230キロメートル余りに及ぶこの神秘の大湖をほぼ中央にすえ、比叡比良、伊吹の山並み、そして鈴鹿の嶺々がぐるりと周囲を取り囲む特異な地形に抱かれながら近江の国は息づいてきました。そして、このような地形が齎したものなのか、近江は古代よりこの地ならではの独特の風土や歴史、文化が育まれてきました。

明るい蒲生野の台地に遊猟しつつ歌を詠んだ大津京の諸王や群臣たち。束の間、古代最大の内乱といわれる壬申の乱で灰燼と化した近江京。そして、夕映えの湖面に影を落とす廃墟に万葉歌人たちが美しくも荘重な鎮魂歌（レクイエム）を捧げました。

源平の武者が近江の街道にあふれ、山野を駈け巡り蹂躙の限りをつくした戦国武将たちの国盗り合戦の横暴のなかで近江の民衆は粘り強く耐え忍び、生活と我がふるさとを幾世紀にもわたって守ってきました。全国でも稀に見る村落共同体の充実こそが近江の風土や歴史を物語るものであり、近世以降の近江商人の活躍もまた、このような共同体のあり様が大きく影響しているものと思われます。

近江の自然環境は、琵琶湖の水環境と密接な関係を保ちながら、そこに住まいする人々の暮らしとともに長い歴史的時間の流れのなかで創られてきました。美しい里山の生活風景もまた、近江を特徴づけるものと言えます。

いささか大胆で果敢なる試みではありますが、「ＮＰＯ法人　たねや近江文庫」は、このような近江という限られた地域に様々な分野からアプローチを試み、さらに深く追究していくことで現代的意義が発見できるのではないかと考え、広く江湖に提案・提言の機会を設け、親しき近江の語り部としての役割を果たすべく「シリーズ近江文庫」を刊行することにしました。なお、シリーズの表紙を飾る写真は、本シリーズの刊行趣旨にご賛同いただいた滋賀県の写真家である今森光彦氏の作品を毎回掲載させていただくことになりました。この場をお借りして御礼申し上げます。

2007年６月

ＮＰＯ法人　たねや近江文庫

理事長　山本徳次

著者紹介

小坂育子（こさか・いくこ）

1947年、三重県伊賀市生まれ。

現在、水と文化研究会事務局長、子ども流域文化研究所代表、地元学ネットワーク近畿代表を務める。

生まれながらの田舎育ちなので「田舎性」が気に入って、結婚を機に比良山系の麓、旧志賀町（現・大津市）に移り住んで30年近くになる。ホタル調査、水環境カルテ調査、地元学調査など20年以上にわたる活動のなかで環境や地域の再生にかかわるいろいろなノウハウを学ぶ。

主な著書として、『聞き書き　里山に生きる』（サンライズ出版、2003年）がある。

《シリーズ近江文庫》
台所を川は流れる
——地下水脈の上に立つ針江集落——
（検印廃止）

2010年7月31日　初版第1刷発行

著　者　小坂育子
特別協力　高島市新旭町針江区の人びと
発行者　武市一幸

発行所　株式会社　新評論

〒169-0051 東京都新宿区西早稲田3-16-28
電話　03(3202)7391
振替・00160-1-113487

落丁・乱丁はお取り替えします。

定価はカバーに表示してあります。

http://www.shinhyoron.co.jp

印刷　フォレスト
製本　桂川製本
装幀　山田英春

Printed in Japan
ISBN978-4-7948-0843-1

シリーズ近江文庫　*Ohmi Library*

滋賀の名木を訪ねる会 編著

滋賀の巨木めぐり

歴史の生き証人を訪ねて

長い年月を近江の地で生き抜いてきた巨木、名木の生態・歴史・保護方法を詳説した絶好の旅案内。
嘉田由紀子県知事推薦！

[四六並製　272頁　2310円　ISBN978-4-7948-0816-5]

水野馨生里

特別協力：長岡野亜＆地域プロデューサーズ「ひょうたんから KO-MA」

ほんがら松明復活

近江八幡市島町・自立した農村集落への実践

半世紀ぶりに復活した行事をきっかけに、
世代を超えた地域づくりが始まった——
ドキュメンタリー映画『ほんがら』の原点！

[四六並製　272頁　2310円　ISBN978-4-7948-0829-5]

＊ 表示価格は消費税（5%）込みの定価です

好評刊 「地域づくり」を考える本

水野馨生里

水うちわをめぐる旅

長良川でつながる地域デザイン

生まれ育った愛すべき土地の豊かな自然と文化を生かしたい！
伝統と未来をつなぐ若者たちの挑戦。
［四六上製　236頁　1995円　ISBN978-4-7948-0739-7］

駒宮博男

地域をデザインする

フラードームの窓から見た持続可能な社会

荒廃した地域をいかに再生させるか――
枯渇しない小地域を創出していくためのデザインの思想と実践。
［四六上製　304頁　2625円　ISBN978-4-7948-0755-7］

松岡憲司 編

地域産業とネットワーク

京都府北部を中心として

インフラや情報通信網、企業間取引や人的交流まで、
「ネットワーク」を軸に地域産業を考察する画期的研究。
［A5上製　280頁　2940円　ISBN978-4-7948-0832-5］

関 満博・足利亮太郎 編

「村」が地域ブランドになる時代

個性を生かした10か村の取り組みから

「平成の大合併」以来半減した行政単位としての「村」。
各地のユニークな実践から展望する「むら」の未来。
［四六上製　240頁　2730円　ISBN978-4-7948-0752-6］

＊ 表示価格は消費税（5%）込みの定価です